AF261756

# ÉLÉMENTS

# D'ARITHMÉTIQUE

## ET

## DE SYSTÈME MÉTRIQUE

### Par M. ALBOISE DU PUJOL

INSPECTEUR DE L'ACADÉMIE DE PARIS.

# PARIS.

## IMPRIMERIE ET LIBRAIRIE CLASSIQUES

## DE JULES DELALAIN

IMPRIMEUR DE L'UNIVERSITÉ

DES ÉCOLES, VIS-A-VIS DE LA SORBONNE.

# ÉLÉMENTS

# D'ARITHMÉTIQUE

ET

# DE SYSTÈME MÉTRIQUE

## Par M. ALBOISE DU PUJOL

INSPECTEUR DE L'ACADÉMIE DE PARIS.

# PARIS.

## IMPRIMERIE ET LIBRAIRIE CLASSIQUES

### De JULES DELALAIN

IMPRIMEUR DE L'UNIVERSITÉ

RUE DES ÉCOLES, VIS-A-VIS DE LA SORBONNE.

M DCCC LXIII.

# INSTRUCTIONS POUR LE MAITRE.

L'enseignement de l'Arithmétique offre plus d'une difficulté, et c'est pour aider à les surmonter que nous avons placé quelques conseils en tête de ce livre. Ils sont le fruit de l'expérience. Suivis déjà dans une académie, ils y ont produit de bons résultats, et ils en produiront de plus grands, s'ils trouvent une application intelligente. Ce n'est pas qu'il y ait lieu de mettre dans l'esprit des enfants des raisonnements longs et abstraits. L'important est de leur apprendre à calculer vite et bien en peu de temps, et d'appliquer les règles du calcul aux questions usuelles. C'est là généralement le but que l'on doit se proposer, et, pour l'atteindre, il faut employer les moyens les plus courts et les plus sûrs.

*Indications générales.* — 1° Dans l'arithmétique, comme dans les sciences exactes, toutes les questions dépendent les unes des autres. Aussi faut-il procéder avec un ordre très-régulier, et ne passer à une opération que lorsque l'opération précédente est parfaitement sue et que le calcul est rapide. Le maître ne fera donc voir l'addition que lorsque l'enfant saura très-bien écrire ou énoncer les nombres; la soustraction que lorsqu'il saura faire les additions avec facilité et promptitude.

2° Une définition étant donnée, il ne suffit pas d'exiger que l'élève la répète par cœur; il faut de plus qu'il l'applique par des exemples. Vous avez défini la multiplication : demandez-lui ce que signifie 9 à multiplier par 8. S'il a compris la définition, il vous répondra : « Multiplier 9 par 8 signifie qu'il faut répéter 9 autant de fois qu'il y a d'unités dans 8. Or dans 8, il y a 8 unités, il faudra donc répéter 8 fois 9. » Faites des questions semblables sur d'autres nombres, vous vous assurerez par là que la question est comprise.

3° Le calcul oral est trop important pour ne pas le mettre en usage dans toutes les opérations, et surtout dans l'addition et dans la soustraction. Avant de présenter les règles de chacune d'elles, commencez par donner des questions simples qui puissent être résolues de tête. Ainsi vous demanderez à un élève : « Combien font 7 + 8; » à un autre, « 15 + 6; » à un autre, « 21 + 9. » Vous exercerez ainsi tous vos élèves à la fois sans les fatiguer et vous les préparerez à des additions compliquées. Vous pourrez agir de même pour les quatre opérations, et combiner les questions de manière à faire intervenir tantôt l'une, tantôt l'autre.

*Numération.* — 1° La grande difficulté qu'éprouvent les enfants dans la numération, c'est de comprendre le rapport des différentes unités entre elles. Le tableau résumé de ces valeurs, mis à la suite de la numération parlée, pourra être d'un grand secours et nous engageons le maître à le faire tracer sur le tableau noir sous la dictée. Plusieurs élèves à tour de rôle diront à haute voix ce que valent les espèces d'unités. Ils trouveront dans ce résumé la valeur de chacune des unités par rapport aux précédentes jusqu'aux centaines de mille. Mais pour les millions et pour les billions, il y a la valeur de ces unités par rapport aux tranches seulement, pour ne pas trop charger le tableau. Le maître le complétera facilement.

2° Il importe que la suite régulière des espèces d'unités soit sue imperturbablement et dans le même ordre, en montant et en descendant; ce qui sera du plus grand secours pour écrire et énoncer les nombres.

3° Enfin nous engageons fortement les maîtres à faire décomposer les nombres dans leurs différentes espèces d'unités. C'est encore un exercice que l'on peut faire de vive voix ou par écrit au tableau noir.

*Addition, Soustraction.* — 1° Il est très-important que les élèves sachent ajouter d'une manière imperturbable un nombre d'un seul chiffre à un autre d'un seul. Toute l'habitude du calcul découle de là. Il faut que cette opération s'effectue avec la plus grande rapidité et de vive voix. Vous ferez aussi remarquer aux enfants le chiffre qui termine chacune de ces petites additions.

2° Rappelez-vous bien que jamais l'élève ne saura calculer, qu'il sera à chaque instant arrêté, que les progrès seront nuls, s'il ne commence pas par se mettre dans la tête les additions d'un nombre d'un seul chiffre à un autre d'un seul. Tout le succès du calcul dépend de là, non-seulement pour l'addition, mais encore pour les trois autres opérations.

3° Avant de passer aux règles de l'addition, il est nécessaire de savoir ajouter de tête des nombres composés de un ou de deux chiffres ; et si on a bien saisi ce qui précède, cet exercice n'offrira aucune difficulté.

Remarquez d'abord qu'un nombre d'un seul chiffre ajouté à un nombre de deux ne peut donner au plus pour la somme que la dizaine immédiatement supérieure à ce dernier. Soit 7 à ajouter à 25, la dizaine du dernier nombre est 2, et la dizaine immédiatement supérieure à 2 est 3 ; or 7 plus 25 donnent 32 : on voit que la somme 32 renferme bien trois dizaines.

Remarquez secondement que le dernier chiffre de la somme sera toujours le même que si vous aviez eu à ajouter le chiffre 7 au chiffre des unités 5 du deuxième nombre. Sachant donc que dans le cas qui vous occupe on doit obtenir la dizaine immédiatement supérieure et que le dernier chiffre de la somme est le même que si on avait eu le nombre d'un seul chiffre à ajouter au chiffre des unités du nombre de deux chiffres, vous n'aurez à vous préoccuper que d'ajouter les deux derniers; cela revient à ajouter deux nombres composés d'un seul chiffre, ce que nous avons dit plus haut être si important. Voici comment on exercera l'élève. On lui proposera d'ajouter 17 et 8. Il ne devra fixer son attention que sur 7 et 8, et comme l'addition de ces derniers donne 15, on aura un nombre terminé par 5; on aura pour résultat de 8 ajouté à 17 la dizaine supérieure à 17 terminée par un 5, c'est-à-dire 25; que l'on ajoute 6 à 25, on aura 31, la dizaine supérieure à 25 qui sera terminée par un 1, parce que les deux nombres 6 et 5 ajoutés ensemble donnent 11 ou une somme terminée par 1; qu'à 31 on ajoute 9, on aura 40 ou la dizaine supérieure à 31 qui se termine par un zéro, parce que 9 et 1 donnent en somme 10, nombre terminé par un zéro, et ainsi de suite. On ne passera à l'addition des nombres plus grands que lorsque cet exercice sera fait par l'élève avec rapidité.

*Multiplication, Division.* — 1° Dans la multiplication, c'est l'ignorance de la table qui arrête les progrès. Il faut donc à tout prix que les enfants l'apprennent. Sans doute on peut la leur donner comme leçon; mais qu'arrive-t-il le plus souvent? Ils ne se rappellent un produit qu'en le comparant au produit précédent: pour les habituer à les trouver isolément, il faut d'abord qu'ils fassent seuls des multiplications, et, en second lieu, vous pourrez en classe les exercer ainsi qu'il suit: Vous dictez une multiplication au tableau noir, et l'un des élèves est chargé d'écrire les résultats énoncés. Le multiplicande doit être multiplié par le chiffre des unités du multiplicateur. Vous avez là autant de petites multiplications partielles qu'il y a de chiffres au multiplicande. Vous désignez un élève pour chacune de ces multiplications, de manière à passer de l'un à l'autre, et celui qui est au tableau écrit les chiffres indiqués. Vous agissez de même pour la multiplication du multiplicande par les dizaines, les centaines, etc., du multiplicateur ; de telle sorte que si vous avez huit chiffres au multiplicande et quatre au multiplicateur, vous aurez eu trente-deux multiplications partielles, et si votre division se compose de dix élèves vous aurez, dans un très-court espace de temps, interrogé chacun d'eux trois fois au moins. Ce mode peut être appliqué aux autres opérations.

2° Il importe aussi d'habituer les enfants à obtenir oralement des produits. Ainsi pour multiplier par un nombre suivi d'un ou de plusieurs zéros, exercez-les à les supprimer mentalement et à faire sans écrire le restant de l'opération. Un élève doit multiplier 7 par 40. Il ne faut pas lui permettre d'écrire sur le tableau ou sur sa feuille les deux nombres ; mais il faut qu'il opère de tête en multipliant 7 par 4, ce qui donne 28. Il mettra par l'esprit un zéro à la droite de 28, et trouvera sans difficulté le produit 280.

3° Qu'il ait encore à multiplier 43 par 11 : faites-lui observer qu'en opérant par la méthode ordinaire il aura deux produits partiels égaux à 43, mais placés l'un sous l'autre, de telle sorte que le chiffre des unités 3 correspondra au chiffre des dizaines 4 : il pourra faire mentalement l'addition, et il aura 473. Il y a beaucoup d'autres cas dans lesquels on peut opérer d'une manière analogue.

*Système métrique.* — 1° Si vous voulez que vos leçons sur le système métrique soient profitables, il faut les faire avec des applications nombreuses.

2° Pour le mètre, mettez une mesure sous les yeux des élèves, recommandez-leur d'en bien observer la longueur et les subdivisions, et de les fixer dans leur esprit : faites tracer de mémoire sur le tableau la longueur du mètre, du décimètre, etc. Présentez un cordon et demandez-en la mesure à vue d'œil : faites mesurer vos bancs, vos tables, votre salle en longueur et en largeur, etc.

3° Il n'est pas aussi facile de fixer l'esprit des enfants sur l'étendue des surfaces ; cependant si vous commencez par leur faire mesurer de petites superficies, comme le tableau noir, la salle où vous êtes, la cour, etc., et puis de grandes surfaces comme un champ, vous parviendrez à leur donner une idée assez exacte de ces sortes de mesures.

4° Vous pouvez encore exercer utilement l'œil et l'intelligence des élèves dans les mesures de capacité. Après les leur avoir présentées et vous en être servi devant eux, ou après qu'ils s'en seront servis eux-mêmes, demandez-leur de tracer de mémoire sur le tableau avec leurs dimensions celles que vous désignerez.

*Problèmes.* — Il est des enfants, et c'est le plus grand nombre, dont l'intelligence est lente à saisir la solution d'un problème. Cette difficulté vient surtout de ce que leur esprit ne s'est pas fixé sur l'énoncé lui-même, et de ce qu'ils n'aperçoivent pas le rapport qui existe entre les données de la question. Voulez-vous que vos élèves résolvent facilement les problèmes ? Fixez leur attention sur le texte et sur les données. Soit proposée la question suivante : Un épicier a acheté 63 pains de sucre pesant chacun 9$^{kil.}$,75, à raison de 120$^{fr.}$ les 100$^{kil.}$. Demandez : Combien a-t-il payé ? Que cherche-t-on ? Le prix de 63 pains de sucre. C'est sur ce point qu'il faut avant tout fixer l'esprit de l'enfant, et il ne tardera pas à comprendre l'énoncé lorsque vous lui aurez adressé cette question. En second lieu demandez : Que connaît-on pour déterminer ce prix ? On sait que chacun des pains pèse 9$^{kil.}$,75 et que 100$^{kil.}$ coûtent 120$^{fr.}$. Ainsi analysé, le problème devient d'une grande clarté, et si vous habituez l'enfant à faire cet exercice, il comprendra sans peine des questions plus difficiles.

# ÉLÉMENTS

# D'ARITHMÉTIQUE.

## NOTIONS PRÉLIMINAIRES.

**1.** On entend par *grandeur* ou *quantité* ce qui est susceptible d'augmentation ou de diminution exactement appréciables.

Ainsi un poids est une quantité, parce qu'il peut être augmenté ou diminué avec une appréciation exacte. Après avoir pris un poids, je puis en prendre un second qui me permette d'apprécier de combien ce dernier dépasse le premier. Il en est de même de la longueur, de l'étendue, etc.

On mesure une quantité en la comparant à une autre quantité de même nature choisie par convention.

Ainsi le mètre est une longueur et par suite une quantité. Il a été choisi pour mesurer les autres longueurs, et c'est en les lui comparant et en ayant une idée exacte de la longueur du mètre que l'on parvient à se faire aussi une idée exacte des autres longueurs ou de les mesurer.

Les *mathématiques* ont pour objet de mesurer ou de composer les grandeurs et les quantités.

2. Quand on compare une quantité à une autre quantité de même nature, ou qu'on la mesure, on obtient un résultat que l'on appelle *nombre*.

L'*arithmétique* est la science des nombres; elle enseigne à les composer et à les décomposer; c'est ce qu'on appelle *calculer*.

La quantité qui sert de terme de comparaison aux quantités de même nature est appelée *unité*.

Une collection d'unités constitue un *nombre entier*.

Ainsi une unité ajoutée à une autre unité constitue un nombre. En ajoutant à ce nombre une autre unité on aura un troisième nombre; on pourrait en former un quatrième, un cinquième : il y a donc une infinité de nombres.

1.

Les nombres se divisent en *nombres concrets* et *nombres abstraits*.

On appelle *nombre concret* celui qu'on énonce en désignant l'espèce d'unité qu'on veut indiquer, et *nombre abstrait*, celui qu'on énonce sans désigner l'espèce d'unité : *quinze francs* est un nombre concret; *quinze*, un nombre abstrait.

Il y a en arithmétique quatre opérations fondamentales : l'*addition*, la *soustraction*, la *multiplication* et la *division*. Avant de les apprendre il faut savoir énoncer et écrire les nombres.

## DE LA NUMÉRATION.

3. La *numération* est l'art d'énoncer et d'écrire tous les nombres possibles : il y a donc la *numération parlée* et la *numération écrite*.

### Numération parlée.

On parvient à énoncer tous les nombres avec quelques mots et quelques dérivés.

Ainsi en ajoutant une unité à une unité on

forme un nombre que l'on appelle    *deux*,
En ajoutant une unité à deux
    on forme un nombre appelé    *trois*,
Puis                                 *quatre*,
——                                   *cinq*,
——                                   *six*,
——                                   *sept*,
——                                   *huit*,
——                                   *neuf*,

qui se forment de la même manière : c'est ce qu'on appelle les *unités simples*.

Si à *neuf* on ajoute une unité on formera un nombre que l'on appelle *dix* ou une *dizaine*, et qui sert d'unité pour un autre ordre de nombre, de telle sorte que l'on comptera par dizaines comme on a compté par unités ; on aura donc deux dizaines, trois dizaines, quatre dizaines, cinq dizaines, etc.

Dans le langage ordinaire on donne :
à deux dizaines le nom de   *vingt*,
  trois dizaines, celui de    *trente*,
  quatre dizaines,         *quarante*,
  cinq dizaines,           *cinquante*,
  six dizaines,            *soixante*,
  sept dizaines,          *soixante-dix*,

huit dizaines,                *quatre-vingts,*
neuf dizaines,                *quatre-vingt-dix.*

Une dizaine étant la collection de dix unités, il faudra dix unités pour passer de une
dizaine à deux dizaines ou à *vingt ;* de telle
sorte que si l'on augmente successivement
d'une seule unité chacun des nombres, on
aura les nombres suivants :

dix, augmenté de un, que

    l'on appelle                *onze,*
onze, augmenté de un,                *douze,*
douze, augmenté de un,                *treize,*
treize, augmenté de un,                *quatorze,*
quatorze, augmenté de un,                *quinze,*
quinze, augmenté de un,                *seize,*
seize, augmenté de un,                *dix-sept,*
dix-sept, augmenté de un,                *dix-huit,*
dix-huit, augmenté de un,                *dix-neuf.*

Pour former tous les nombres composés
d'une collection d'unités, il faut de même
remplir l'intervalle de *vingt* à *trente,* de *trente*
à *quarante,* en intercalant entre chaque
espèce d'unités les nombres formés de **un** à
*neuf.*

On aura ainsi :

| | | |
|---|---|---|
| *vingt et un,* | *trente et un,* | *quarante et un,* |
| *vingt-deux,* | *trente-deux,* | *quarante-deux,* |
| *vingt-trois,* | *trente-trois,* | *quarante-trois,* |
| *vingt-quatre,* | *trente-quatre,* | *quarante-quatre,* |
| *vingt-cinq,* | *trente-cinq,* | *quarante-cinq,* |
| *vingt-six,* | *trente-six,* | *quarante-six,* |
| *vingt-sept,* | *trente-sept,* | *quarante-sept,* |
| *vingt-huit,* | *trente-huit,* | *quarante-huit,* |
| *vingt-neuf,* | *trente-neuf,* | *quarante-neuf.* |

En arrivant à sept dizaines ou à *soixante et dix,* on dira : *soixante et onze, soixante et douze, soixante et treize,* etc.

Huit dizaines s'exprime par *quatre-vingts,* et ensuite *quatre-vingt-un, quatre-vingt-deux,* etc.

Il en est de même de neuf dizaines ou *quatre-vingt-dix;* en ajoutant unité à unité, on a : *quatre-vingt-onze, quatre-vingt-douze,* etc.

Si donc on prend le nombre *quatre-vingt-sept,* ce nombre sera composé de huit dizaines et de sept unités ; si on prend le nombre *soixante-dix-neuf*, on aura un nombre composé de sept dizaines et de neuf unités.

Pour former les autres nombres au delà de *quatre-vingt-dix-neuf*, on a fait, en ajoutant une unité, une nouvelle espèce d'unités que l'on appelle *cent* ou *centaine*. Une centaine renferme donc cent unités ou dix dizaines et on compte par centaines comme par unités simples ou par dizaines ; ainsi on dit : *cent, deux cents, trois cents, quatre cents*, etc.

Pour former tous les nombres entiers compris entre *cent* et *deux cents*, il suffit, comme on l'a fait pour les dizaines, d'intercaler tous les nombres formés antérieurement, c'est-à-dire les nombres depuis *un* jusqu'à *quatre-vingt-dix-neuf*; pour former ceux qui sont compris entre *deux cents* et *trois cents*, entre *trois cents* et *quatre cents*, etc., il faudra agir de même.

D'après cela le nombre *quatre cent vingt-sept* sera composé de quatre centaines, de deux dizaines et de sept unités; le nombre *huit cent cinquante-six* sera composé de huit centaines, de cinq dizaines et de six unités.

On peut former de même une quatrième espèce d'unités que l'on appellera *mille*, qui comprendra mille unités simples, cent dizaines ou dix centaines; et en comptant par mille comme par unités, par dizaines et par centaines, on obtient : *mille, deux mille, trois mille, quatre mille, neuf mille,* etc., et en comblant les intervalles, au moyen des nombres précédents, on a tous les nombres entiers de *un* à *un.*

De là le nombre *trois mille quatre cent soixante-huit* comprend trois mille, quatre centaines, six dizaines et huit unités simples.

En formant de la même manière les espèces d'unités supérieures aux précédentes on obtient :

La *dizaine de mille,* qui vaut

dix mille unités,
ou mille dizaines,
ou cent centaines.

La *centaine de mille,* qui vaut

cent mille unités,
ou dix mille dizaines,
ou mille centaines,
ou cent mille,
ou dix dizaines de mille.

Le *million*, qui vaut

> un  million d'unités simples,
> ou  cent mille dizaines,
> ou  dix mille centaines,
> ou  mille unités de mille,
> ou  cent dizaines de mille,
> ou  dix centaines de mille.

On a ensuite la *dizaine de million*, la *centaine de million*; le *billion* ou le *milliard*, la *dizaine de billion*, la *centaine de billion*; puis encore le *trillion*, etc.

On est convenu de partager ces différentes espèces d'unités en tranches en comprenant trois chacune :

La tranche des unités simples comprend
{ les unités.
    dizaines.
    centaines.

La tranche des mille comprend
{ les mille.
    dizaines de mille.
    centaines de mille.

La tranche des millions comprend
{ les millions.
    dizaines de million.
    centaines de million.

La tranche des billions ou des milliards comprend
{ les billions.
    dizaines de billion.
    centaines de million.

1.

Le tableau suivant résume les dénominations des espèces d'unités employées dans la numération avec leurs valeurs.

| | | |
|---|---|---|
| **Tranche des unités simples.** | L'unité vaut | une unité. |
| | La dizaine | dix unités. |
| | La centaine | cent unités.<br>dix dizaines. |
| **Tranche des mille.** | Le mille vaut | mille unités.<br>cent dizaines.<br>dix centaines. |
| | La dizaine de mille | dix mille unités.<br>mille dizaines.<br>cent centaines.<br>dix mille. |
| | La centaine de mille | cent mille unités.<br>dix mille dizaines.<br>mille centaines.<br>cent unités de mille.<br>dix dizaines de mille. |
| **Tranche des millions.** | Le million vaut | un million d'unités.<br>mille unités de mille. |
| | La dizaine de million | dix millions d'unités.<br>dix mille unités de mille. |
| | La centaine de million | cent millions d'unités.<br>cent mille unités de mille. |

Tranche des billions ou des milliards

Le billion ou le milliard vaut
- un milliard d'unités.
- un million d'unités de mille.
- mille unités de million.

La dizaine de billion ou de milliard
- dix milliards d'unités.
- dix millions d'unités de mille.
- dix mille unités de million.

La centaine de billion ou de milliard
- cent milliards d'unités.
- cent millions d'unités de mille.
- cent mille unités de million.

### Exercices.

Décomposer les nombres suivants en toutes les espèces d'unités qui les composent :

Quarante mille sept cent soixante-huit.

Cinquante-six millions huit cent soixante dix-neuf mille trois cent trente-sept.

Huit cent quarante billions six cents millions quatre cent dix.

## Numération écrite.

**4.** Pour écrire les nombres on emploie les dix caractères suivants, qu'on appelle *chiffres* :

1, 2, 3, 4, 5, 6, 7, 8, 9, 0.

Un, deux, trois, quatre, cinq, six, sept, huit, neuf, zéro.

Ces neuf chiffres servent à désigner une, deux, trois, quatre, cinq, six, sept, huit, neuf unités, quelles que soient d'ailleurs ces unités.

Ainsi le chiffre 5 sera employé pour désigner 5 dizaines ou 5 centaines, tout aussi bien que pour désigner 5 unités de toute autre espèce. Mais on est convenu de mettre le chiffre qui exprimera des dizaines à gauche de celui qui exprimera des unités simples, celui qui exprimera des centaines à la gauche de celui qui exprimera des dizaines, et ainsi de suite. D'où cette convention : Tout chiffre placé à la gauche d'un autre acquiert une valeur dix fois plus grande.

Si un nombre n'est pas complet et qu'il lui manque des unités d'une espèce quelconque au-dessous des plus grandes qu'il contient, on remplacera ces unités par le chiffre 0, qu'on appelle *zéro*.

D'après cela, *trois cent cinquante-huit* s'écrira 358 ; car dans ce nombre il y a huit unités simples, cinq dizaines ou cinquante, et trois centaines. Pour *quatre cent neuf* on écrira 409 ; on met un 0 entre le 4 et le 9 pour tenir la place des dizaines qui manquent. Si l'on veut écrire *trois mille*, on écrira 3000 ; les trois zéros tiennent la place des centaines, des dizaines et des unités qui manquent.

On appelle quelquefois *unités du premier ordre*, les unités simples ; *unités du second ordre*, les dizaines ; *unités du troisième ordre*, les centaines, etc.

**Manière d'énoncer et d'écrire un nombre.**

5. Pour énoncer facilement un nombre de plusieurs chiffres, on le partage en tranches de trois chiffres, chacune allant de droite à gauche, comme on le voit ci-dessous :

43 708 524 397.

La première est appelée *tranche des unités*, la seconde *tranche des mille*, la troisième *tranche des millions*, la quatrième *tranche des billions*, etc. Dans chaque tranche, il y a des unités, des dizaines et des centaines.

En commençant par la gauche on énonce chaque tranche en particulier en prononçant à la fin le nom de la tranche; on dira donc *quarante-trois billions, sept cent huit millions, cinq cent vingt-quatre mille, trois cent quatre-vingt-dix-sept unités.*

Si l'on a à écrire un nombre considérable, on commencera par écrire les unités de la plus forte espèce du nombre; on passera ensuite aux unités des nombres inférieurs, en ayant soin de remplacer par des zéros les unités qui manquent.

Soit, par exemple, le nombre *quarante millions, trois mille, vingt-cinq unités.* Les unités de la plus forte espèce sont des millions, je les écris; après devraient venir dans l'ordre des unités des centaines de mille, et comme il n'y en a pas, je mets un zéro; puis des dizaines de mille, et comme il n'y en a pas, je mets un zéro; puis des mille, il y en a trois que je place; puis des centaines, il n'y

en a pas, je mets un zéro; puis des dizaines,
j'en ai deux, et enfin cinq unités, et j'ai :

$$40\ 003\ 025$$

### Exercices.

Faire énoncer et écrire des nombres.

Il est bon de savoir décomposer un nombre de
toutes les façons possibles.

Ainsi soit 743; on demande de le décomposer en
deux parties, l'une comprenant des dizaines et
l'autre partie le restant du nombre : on obtient
74 dizaines et 3 unités. On pourrait le décomposer
en deux parties dont l'une contînt les centaines;
on obtiendrait ainsi 7 centaines et 43 unités.

Soit encore le nombre 78609; on le décompose
toujours en deux parties dont l'une contienne une
des espèces d'unités et la seconde le restant du nombre : on a les différentes décompositions suivantes :

7860 dizaines et 9 unités;
786 centaines et 9 unités;
78 mille et 60 unités;
7 dizaines de mille et 8609 unités.

## DE L'ADDITION.

6. L'*addition* est une opération qui a pour objet de trouver un nombre qui se compose d'autant d'unités qu'il y en a dans plusieurs autres ensemble.

Le résultat de l'opération s'appelle *somme* ou *total*.

Cette opération s'indique en mettant le signe $+$ entre les deux nombres qu'on veut ajouter. Le signe $=$ est employé pour marquer qu'il y a égalité entre ce qui précède et ce qui suit. Ainsi $13 + 8 = 21$ signifie 13 plus 8 égale 21.

### Addition des nombres d'un seul chiffre.

7. Lorsque le nombre qu'on veut ajouter à un autre n'a qu'un chiffre, on aura évidemment la somme en s'élevant dans l'échelle de numération d'autant de degrés au-dessus du premier qu'il y a d'unités dans le second.

Ainsi 8 ajouté à 13 donne pour somme 21.

La table suivante contient les additions d'un seul chiffre avec un seul.

| | | | | | | | | |
|---|---|---|---|---|---|---|---|---|
| 1 et 1 font 2 | | | 4 et 1 font 5 | | | 7 et 1 font 8 | | |
| 1 | 2 | 3 | 4 | 2 | 6 | 7 | 2 | 9 |
| 1 | 3 | 4 | 4 | 3 | 7 | 7 | 3 | 10 |
| 1 | 4 | 5 | 4 | 4 | 8 | 7 | 4 | 11 |
| 1 | 5 | 6 | 4 | 5 | 9 | 7 | 5 | 12 |
| 1 | 6 | 7 | 4 | 6 | 10 | 7 | 6 | 13 |
| 1 | 7 | 8 | 4 | 7 | 11 | 7 | 7 | 14 |
| 1 | 8 | 9 | 4 | 8 | 12 | 7 | 8 | 15 |
| 1 | 9 | 10 | 4 | 9 | 13 | 7 | 9 | 16 |
| 2 et 1 font 3 | | | 5 et 1 font 6 | | | 8 et 1 font 9 | | |
| 2 | 2 | 4 | 5 | 2 | 7 | 8 | 2 | 10 |
| 2 | 3 | 5 | 5 | 3 | 8 | 8 | 3 | 11 |
| 2 | 4 | 6 | 5 | 4 | 9 | 8 | 4 | 12 |
| 2 | 5 | 7 | 5 | 5 | 10 | 8 | 5 | 13 |
| 2 | 6 | 8 | 5 | 6 | 11 | 8 | 6 | 14 |
| 2 | 7 | 9 | 5 | 7 | 12 | 8 | 7 | 15 |
| 2 | 8 | 10 | 5 | 8 | 13 | 8 | 8 | 16 |
| 2 | 9 | 11 | 5 | 9 | 14 | 8 | 9 | 17 |
| 3 et 1 font 4 | | | 6 et 1 font 7 | | | 9 et 1 font 10 | | |
| 3 | 2 | 5 | 6 | 2 | 8 | 9 | 2 | 11 |
| 3 | 3 | 6 | 6 | 3 | 9 | 9 | 3 | 12 |
| 3 | 4 | 7 | 6 | 4 | 10 | 9 | 4 | 13 |
| 3 | 5 | 8 | 6 | 5 | 11 | 9 | 5 | 14 |
| 3 | 6 | 9 | 6 | 6 | 12 | 9 | 6 | 15 |
| 3 | 7 | 10 | 6 | 7 | 13 | 9 | 7 | 16 |
| 3 | 8 | 11 | 6 | 8 | 14 | 9 | 8 | 17 |
| 3 | 9 | 12 | 6 | 9 | 15 | 9 | 9 | 18 |

## Addition des nombres de plusieurs chiffres.

8. Lorsqu'on sait ajouter facilement et rapidement un nombre d'un chiffre à un autre nombre, il est aisé de faire l'addition de plusieurs nombres, quelque grands qu'ils soient. On place les nombres les uns au-dessus des autres, de manière que les unités d'un même ordre soient dans la même colonne, comme on le voit dans l'exemple suivant :

$$459$$
$$367$$
$$476$$

Total    1302

En commençant par la colonne des unités, on dira 9 et 7 font 16, 16 et 6 font 22 : dans 22 unités, il y a 2 unités et 2 dizaines, je pose les deux unités et je retiens les deux dizaines pour les joindre aux dizaines qui sont dans la colonne suivante, parce qu'il ne faut ajouter que des unités de même nature. En opérant de la même manière on trouve 20, ou

20 dizaines : dans 20 du deuxième ordre il y a
0 dizaine et 2 centaines ; je pose 0 et retiens
2. La troisième donne avec la retenue 13
centaines que j'écris en entier. 1302 est le
total ou la somme des trois nombres puisqu'il
se compose des unités, dizaines et centaines
de ces trois nombres.

*Règle : Pour faire l'addition, il faut placer
les nombres les uns sous les autres de manière que les unités d'un même ordre soient
dans une même colonne ; à droite écrire cette
somme si elle est moindre que 10 ; si elle est
plus grande que 9, poser les unités et retenir
les dizaines pour les joindre à la colonne suivante, sur laquelle on opérera de la même
manière.*

### Exercices.

| 4257 | 5815 | 2964 |
|---|---|---|
| 968 | 807 | 4857 |
| 429 | 4329 | 507 |
| 1540 | 547 | 4369 |
| 7194 | 11498 | 12697 |

## DE LA SOUSTRACTION.

9. La *soustraction* a pour but de prendre l'excès d'un nombre sur un autre.

Le résultat de l'opération s'appelle *reste, excès* ou *différence*.

Cette opération s'indique en mettant le nombre à soustraire à la suite de l'autre dont on le sépare par le signe *moins* —. Ainsi : 12 — 7 = 5 signifie 12 diminué de 7 égale 5.

10. Lorsque le nombre qu'on retranche n'a qu'un chiffre, on descend dans l'échelle des nombres d'autant d'unités à partir du plus grand qu'il y en a dans le plus petit et l'on trouve évidemment le reste.

Mais si les nombres sont un peu considérables, on écrit le plus petit au-dessous du plus grand, de manière que les unités soient sous les unités, les dizaines sous les dizaines, etc., et puis on opère comme dans l'exemple suivant :

$$479$$
$$327$$
$$\overline{152}$$

7 ôté de 9 reste 2 ; 2 ôté de 7 reste 5 ; 3 ôté de 4 reste 1. Le nombre 152 exprime évidemment l'excès du plus grand nombre sur l'autre, puisque nous avons pris l'excès des unités, des dizaines et des centaines du premier, sur les unités, dizaines, centaines de l'autre.

11. Pour arriver d'une manière plus brève et plus sûre à trouver l'excès d'un nombre composé d'un seul chiffre sur un autre composé d'un ou de deux chiffres, il faut avoir recours à l'addition.

Ainsi, dire que l'on retranche 7 de 9, c'est dire que l'on cherche ce qu'il faut ajouter à 7 pour avoir 9, et on a 2 ; dire que l'on cherche l'excès de 13 sur 8, c'est dire que l'on cherche le nombre qui ajouté à 8 donne 13, c'est 5.

La soustraction découle donc de l'addition, et si on est parvenu à calculer rapidement les additions, la soustraction se fera aussi rapidement.

12. Dans l'exemple ci-dessus chaque chiffre du nombre inférieur a pu être retranché du chiffre qui lui correspond dans le

nombre supérieur : mais il n'en est pas toujours ainsi.

Soit par exemple les deux nombres

$$73425$$
$$59246$$

Le nombre inférieur est plus petit que l'autre et par suite la soustraction est possible ; cependant, si on opère comme précédemment, c'est-à-dire en retranchant les unes des autres les unités du même ordre, on ne peut obtenir de résultat.

Pour se tirer de cette difficulté, on pose en principe que le résultat de l'opération sera toujours le même si on augmente les deux nombres de la même quantité. Ainsi : $7 - 3 = 4$ ; on augmente 7 et 3 de 3 unités ; on aura ainsi : $10 - 6 = 4$ ; on augmente 10 et 6 de 7 ; on aura encore $17 - 13 = 4$.

En revenant aux deux nombres choisis plus haut, on commence toujours la soustraction par les unités. On ne peut pas retrancher 6 de 5 ; on rendra l'opération possible en ajoutant à 5 une dizaine ou 10 unités, ce qui donne 15, et on dira 6 ôté de 15 reste 9 ;

mais comme on a augmenté le nombre supérieur de 10 unités ou d'une dizaine, on
comptera au nombre inférieur 5 dizaines au
lieu de 4 ; on aura ainsi augmenté le nombre
supérieur et le nombre inférieur d'une dizaine, ce qui ne change en rien le résultat,
et on dira 5 dizaines ôtées de 2 dizaines ne
se peut.

Pour rendre encore l'opération possible,
on augmentera les 2 dizaines d'une centaine
ou de 10 dizaines; ce qui donnera 12, et on
pourra retrancher 5 dizaines de 12 dizaines;
on aura 7 dizaines pour reste; mais comme
on a augmenté le nombre supérieur d'une
centaine, on augmentera aussi le nombre inférieur d'une centaine, ce qui fera qu'au lieu
de 2 centaines on en comptera 3, et on dira :
3 centaines ôtées de 4 centaines reste 1 centaine.

Passant à l'ordre suivant, on aura à retrancher 9 mille de 3 mille, ce qui ne se
peut; pour rendre l'opération possible, on
augmentera les 3 mille d'une unité de l'ordre
immédiatement supérieur, c'est-à-dire de
10 mille, ce qui donnera 13 mille; et retranchant 9 mille de 13 mille, on obtiendra

4 mille. Mais comme on a augmenté le nombre supérieur d'une dizaine de mille, on augmentera le nombre inférieur d'une dizaine de mille; on aura 6 dizaines de mille au lieu de 5; on retranchera 6 dizaines de mille de 7 dizaines de mille, ce qui donne 1 dizaine de mille.

Le reste de la soustraction donne :

$$14\,179$$

Soit encore cet autre exemple :

$$456078$$
$$98679$$
$$\overline{357399}$$

On dit : 9 ôté de 18 reste 9 et on retient 1 ; 8 ôté de 17 reste 9 et on retient 1 ; 7 ôté de 10 reste 3 et on retient 1 ; 9 ôté de 16 reste 7 et on retient 1 ; 10 ôté de 15 reste 5 et on retient 1 ; 1 ôté de 4 reste 3.

Règle : *Pour faire la soustraction, il faut placer le nombre inférieur au-dessous du nombre supérieur, de telle sorte que les unités du même ordre se correspondent ; retrancher les unités des unités, les dizaines des dizaines, etc. Si une de ces opérations est impossible, augmenter le chiffre du nombre duquel on retranche d'une unité de l'ordre immédiatement supérieur et l'ajouter au chiffre suivant du nombre inférieur.*

### Preuve de l'addition et de la soustraction.

**13.** La *preuve* d'une opération est une seconde opération qu'on fait, pour s'assurer si la première est bien faite.

Pour faire la *preuve de l'addition*, on effectue la somme de chaque colonne en commençant par la gauche. Il est clair que chaque somme sera moindre que celle que l'on a trouvée d'abord et on aura de moins les retenues des colonnes à droite. Arrivé à la dernière colonne, on trouvera nécessairement le même nombre que la première fois, si l'opération est bien faite, puisqu'il n'y a point de retenue provenant des colonnes à droite.

Exemple :

$$
\begin{array}{r}
427 \\
298 \\
568 \\
\hline
\end{array}
$$

Somme   $\underline{1293}$

$120$

La première colonne à gauche donne pour somme 11 ; 11 ôté de 12 reste 1. Cet 1 est la retenue de la colonne à droite qui a donné conséquemment 19. Maintenant elle ne donne pour somme que 17 ; 17 ôté de 19, reste 2 qui fait avec le chiffre suivant 23. En ajoutant les chiffres de la première colonne on trouve encore 23, qui étant ôté de 23 donne pour reste 0. L'opération est donc bonne.

Cette preuve est fondée sur cet axiome : Un tout moins toutes ses parties égale zéro.

14. La *preuve de la soustraction* se fait en ajoutant le nombre inférieur avec le reste ; on doit évidemment trouver le nombre supérieur.

Exemple $\qquad$ 426807
$\qquad\qquad\quad$ 219645

Excès $\qquad$ 207162

$\qquad\qquad\quad$ 426807

**Exercices.**

Pour exercer les élèves au tableau et les rompre aux deux opérations précédentes, voici le moyen que l'on peut employer.

Soient les quatre nombres suivants à ajouter

$$47286$$
$$63103$$
$$4728$$
$$75947$$

et proposez de retrancher la somme de 783 006 *sans écrire la somme elle-même.*

On s'y prendra ainsi. La colonne des unités donne un total 24 qu'il faut retrancher des unités de 783 006, c'est-à-dire de 6, ce qui ne se peut. On ajoute à 6 le nombre de dizaines nécessaire pour rendre l'opération possible, et on aura à retrancher 24 de 26, reste 2 : mais on retiendra 2, puisque l'on a ajouté les 2 dizaines au nombre duquel on retranche, et l'on ajoutera la colonne des dizaines qui donnera 14, à laquelle ajoutant 2 de retenue, on aura à retrancher 16 de 0, ce qui ne se peut; on retranchera de 20, il reste 4 et on retient 2. On fait la somme des centaines qui donnera 19, à laquelle ajoutant les retenues 2, on obtiendra 21 qui, retranché de 30, donnera pour résultat 9, et l'on retiendra 3, et ainsi de suite.

## DE LA MULTIPLICATION.

**15.** La *multiplication* des nombres entiers est une opération qui a pour objet de répéter un nombre appelé *multiplicande* autant de fois qu'il y a d'unités dans un autre nombre appelé *multiplicateur*.

Le résultat de l'opération est appelé *produit*. Le multiplicande et le multiplicateur pris collectivement sont dits *facteurs du produit*.

On indique l'opération en mettant l'un des deux signes $\times$ ou . entre les deux facteurs. Ainsi $3 \times 5$, ou $3 \cdot 5 = 15$ signifie 5 multiplié par 3 égale 15.

**16.** D'après cette définition de la multiplication, il est évident que pour multiplier 7 par 4, il n'y a qu'à écrire 7 quatre fois et faire l'addition :

$$\begin{array}{r} 7 \\ 7 \\ 7 \\ 7 \\ \hline 28 \end{array}$$

28 est le produit de cette multiplication, 7 est le multiplicande et 4 le multiplicateur.

On conçoit que la méthode précédente devienne impraticable lorsque les facteurs sont des nombres considérables. Dans ce cas on a trouvé le moyen d'arriver assez promptement au produit; mais pour cela il faut bien connaître tous les produits qu'on peut faire en multipliant un chiffre par un chiffre.

Tous ces produits sont renfermés dans la table suivante qu'on attribue à Pythagore.

| 1 | 2 | 3 | 4 | 5 | 6 | 7 | 8 | 9 |
|---|---|---|---|---|---|---|---|---|
| 2 | 4 | 6 | 8 | 10 | 12 | 14 | 16 | 18 |
| 3 | 6 | 9 | 12 | 15 | 18 | 21 | 24 | 27 |
| 4 | 8 | 12 | 16 | 20 | 24 | 28 | 32 | 36 |
| 5 | 10 | 15 | 20 | 25 | 30 | 35 | 40 | 45 |
| 6 | 12 | 18 | 24 | 30 | 36 | 42 | 48 | 54 |
| 7 | 14 | 21 | 28 | 35 | 42 | 49 | 56 | 63 |
| 8 | 16 | 24 | 32 | 40 | 48 | 56 | 64 | 72 |
| 9 | 18 | 27 | 36 | 45 | 54 | 63 | 72 | 81 |

La première ligne horizontale de la table de Pythagore contient la multiplication des nombres depuis 1 jusqu'à 9. Les lignes suivantes contiennent les produits de ces nombres multipliés successivement par 2, 3, 4, etc., jusqu'à 9.

Veut-on avoir le produit de $7 \times 4$? On cherchera 7 dans la première ligne horizontale et 4 dans la première ligne verticale à gauche. On descendra dans la colonne jusqu'à 7 en tête jusqu'à ce qu'on soit arrivé vis-à-vis le 4 et l'on trouvera 28 pour produit de $7 \times 4$.

On peut encore disposer, comme dans la table suivante, le produit d'un nombre d'un seul chiffre par un nombre d'un seul : il faut l'apprendre par cœur.

| 1 fois 1 fait 1 | 4 fois 1 font 4 | 7 fois 1 font 7 |
|---|---|---|
| 1 2 2 | 4 2 8 | 7 2 14 |
| 1 3 3 | 4 3 12 | 7 3 21 |
| 1 4 4 | 4 4 16 | 7 4 28 |
| 1 5 5 | 4 5 20 | 7 5 35 |
| 1 6 6 | 4 6 24 | 7 6 42 |
| 1 7 7 | 4 7 28 | 7 7 49 |
| 1 8 8 | 4 8 32 | 7 8 56 |
| 1 9 9 | 4 9 36 | 7 9 63 |
| 2 fois 1 font 2 | 5 fois 1 font 5 | 8 fois 1 font 8 |
| 2 2 4 | 5 2 10 | 8 2 16 |
| 2 3 6 | 5 3 15 | 8 3 24 |
| 2 4 8 | 5 4 20 | 8 4 32 |
| 2 5 10 | 5 5 25 | 8 5 40 |
| 2 6 12 | 5 6 30 | 8 6 48 |
| 2 7 14 | 5 7 35 | 8 7 56 |
| 2 8 16 | 5 8 40 | 8 8 64 |
| 2 9 18 | 5 9 45 | 8 9 72 |
| 3 fois 1 font 3 | 6 fois 1 font 6 | 9 fois 1 font 9 |
| 3 2 6 | 6 2 12 | 9 2 18 |
| 3 3 9 | 6 3 18 | 9 3 27 |
| 3 4 12 | 6 4 24 | 9 4 36 |
| 3 5 15 | 6 5 30 | 9 5 45 |
| 3 6 18 | 6 6 36 | 9 6 54 |
| 3 7 21 | 6 7 42 | 9 7 63 |
| 3 8 24 | 6 8 48 | 9 8 72 |
| 3 9 27 | 6 9 54 | 9 9 81 |

**17.** On appelle *multiple* d'un nombre le produit qui résulte de la multiplication de ce nombre par un autre nombre. Ainsi 28 est multiple de 7.

Si l'on cherchait dans la même table le produit de $4 \times 7$ on trouverait 28 comme le produit de $7 \times 4$. On verra aussi que $8 \times 5$ donne 40 ainsi que $5 \times 8$. Il en sera de même de deux autres nombres quelconques renfermés dans la table. Leur produit reste le même quoiqu'on change l'ordre des facteurs.

Cette vérité, que l'on voit démontrée par le fait dans la table de Pythagore, est générale. Voici comment on peut s'en assurer.

Soit le nombre 12 à multiplier par 5; on décompose 12 en ses unités que l'on écrit sur une même ligne horizontale, et l'on écrit cette ligne cinq fois en tout; on aura le tableau suivant :

1 1 1 1 1 1 1 1 1 1 1 1
1 1 1 1 1 1 1 1 1 1 1 1
1 1 1 1 1 1 1 1 1 1 1 1
1 1 1 1 1 1 1 1 1 1 1 1
1 1 1 1 1 1 1 1 1 1 1 1

Chaque ligne horizontale vaut 12, et comme il y a cinq lignes on aura $12 \times 5$. Si l'on compte par lignes verticales, on trouvera pour la valeur de chaque ligne 5, et comme il y a 12 lignes on aura $5 \times 12$. Ainsi le nombre d'unités est représenté par $12 \times 5$ et $5 \times 12$; donc $5 \times 12 = 12 \times 5$.

Si l'on avait à faire le produit de plus de deux nombres, on pourrait aussi changer l'ordre des facteurs. Que l'on ait d'abord trois facteurs, par exemple, $3 \times 4 \times 5$. L'ordre dans lequel ils sont écrits indique qu'il faut multiplier 3 par 4 et que le produit doit ensuite être multiplié par 5; mais au lieu de multiplier 3 par 4, on peut, d'après ce qui vient d'être dit, multiplier 4 par 3 sans craindre de changer le produit. Ainsi $3 \times 4 \times 5 = 4 \times 3 \times 5$. Ce qui prouve que dans un produit de trois facteurs on peut changer l'ordre des deux premiers facteurs. On peut aussi changer l'ordre des deux derniers. Pour le prouver, on écrit le premier facteur 3 sur une ligne horizontale autant de fois qu'il y a d'unités dans le second facteur 4 et l'on forme autant de lignes pareilles qu'il y a d'unités dans le troisième facteur **3** ; on aura le tableau suivant :

$$
\begin{array}{cccc}
3 & 3 & 3 & 3 \\
3 & 3 & 3 & 3 \\
3 & 3 & 3 & 3 \\
3 & 3 & 3 & 3 \\
3 & 3 & 3 & 3
\end{array}
$$

Chaque ligne horizontale vaut $3 \times 4$, et comme il y en a 5, on aura en tout $3 \times 4 \times 5$. Chaque ligne verticale vaut $3 \times 5$, et comme il y en a 4, on aura en tout $3 \times 5 \times 4$ ; mais il est évident que, de quelque manière que l'on fasse la somme des nombres qui composent ce tableau, on doit avoir toujours le même résultat.

Donc $3 \times 4 \times 5 = 3 \times 5 \times 4$.

Ce qui prouve que dans un produit de trois facteurs on peut changer l'ordre des deux derniers facteurs tout aussi bien que celui des deux premiers ; d'où l'on conclut aisément qu'en écrivant ces facteurs dans un ordre quelconque, on aura toujours le même produit.

## Multiplication d'un nombre de plusieurs chiffres par un nombre d'un seul.

18. Soit 4159 à multiplier par 4.

Puisque, d'après la définition de la multiplication, il faut prendre 4 fois 4159, on écrit ce nombre quatre fois, comme il suit, et l'on fait l'addition :

$$
\begin{array}{r}
4159 \\
4159 \\
4159 \\
4159 \\
\hline
\end{array}
$$

Total      16636

En ajoutant, chaque chiffre se trouve pris quatre fois puisque les quatre nombres qu'on ajoute sont les mêmes. On pourra donc, dans la pratique, se dispenser d'écrire le multiplicande quatre fois, et l'on opérera comme il suit :

|              |       |
|--------------|-------|
| Multiplicande | 4159 |
| Multiplicateur | 4 |
| Produit | 16636 |

En disant 4 fois 9, 36, on pose 6 et on re-

tient 3 ; 4 fois 5 font 20 et 3 font 23, on pose 3
et on retient 2 ; 4 fois 1 font 4 et 2 font 6, on
pose 6 ; 4 fois 4 font 16 que l'on écrit ; on a
donc pour produit 16 636.

Soit encore 358 à multiplier par 7.

| | |
|---|---|
| Multiplicande | 358 |
| Multiplicateur | 7 |
| Produit | 2506 |

On dira : 7 fois 8 font 56, on pose 6 et l'on
retient 5 ; 5 fois 7 font 35 et 5 font 40, on
pose 0 et l'on retient 4 ; 3 fois 7 font 21 et 4
font 25, que l'on écrit.

Règle : *Pour multiplier un nombre de
plusieurs chiffres par un nombre d'un seul
chiffre, il faut multiplier chaque chiffre du
multiplicande par le chiffre du multiplicateur, en reportant sur le produit suivant les
retenues qui dépassent 10.*

## Multiplication d'un nombre de plusieurs chiffres par un nombre de plusieurs.

19. Lorsqu'on a à multiplier un nombre par 30, on multiplie ce nombre par 3 et l'on met un zéro à la droite du produit. En multipliant par 3, on multiplie par un nombre 10 fois trop petit, puisque 3 fois 10 font 30 : le produit est donc dix fois trop petit, car on prend dix fois moins le même nombre ; mais en mettant un zéro à la droite de ce produit on le rend dix fois plus grand. Le produit est donc tel qu'il doit être.

On démontre de même que pour multiplier par 50, 60, etc., on multiplie par 5, 6, et l'on met un zéro à la droite du produit ; et pour multiplier par 200, 7 000, etc., on multiplie par 2, 7, et l'on met ou deux ou trois zéros à la droite du produit.

Exemples :

$$
\begin{array}{ccc}
4367 & 2487 & 2637 \\
80 & 400 & 6000 \\
\hline
349360 & 994800 & 15940000 \\
\end{array}
$$

Soit proposé de multiplier 4 967 par 2 408.

Je disposerai les facteurs comme dans les exemples précédents et j'observerai que, d'après la définition de la multiplication, multiplier 4 967 par 2 408, ce n'est autre chose que prendre 2 408 fois 4967. Il suffit pour cela de prendre ce nombre 2 000 fois, 400 fois et 8 fois, ou, en d'autres termes, de multiplier 4 967 par 2 000, par 400 et par 8, et de faire la somme des produits de ces multiplications partielles que l'on sait exécuter d'après les numéros précédents. On aura donc l'opération suivante :

|  |  |
|---|---|
| 4967 | 4967 |
| 2408 | 2408 |
| 39736 | 39736 |
| 1986800 | 19868 |
| 9934000 | 9934 |
| 11960536 | 11960536 |

On appelle *produit partiel* le produit du multiplicande par un chiffre du multiplicateur. Dans la pratique on se dispense de mettre les zéros à la droite des produits par-

2.

tiels ; mais alors il faut avoir soin de placer le premier chiffre de chaque produit partiel au rang du chiffre par lequel on multiplie, parce qu'il y aurait évidemment autant de zéros qu'il y a de chiffres à la suite de celui par lequel on multiplie.

Règle générale : *Pour multiplier un nombre de plusieurs chiffres par un autre de plusieurs, il faut multiplier successivement le multiplicande par chaque chiffre du multiplicateur, en ayant soin de mettre le premier chiffre de chaque produit partiel au rang du chiffre par lequel on multiplie.*

20. Lorsqu'un des deux facteurs ou tous les deux se terminent par des zéros, on opère comme si ces zéros n'y étaient pas et l'on en met un pareil nombre à la suite du produit.

$$
\begin{array}{r}
43600 \\
2580 \\
\hline
3488 \phantom{00} \\
2180 \phantom{0} \\
872 \phantom{000} \\
\hline
112488000
\end{array}
$$

Exemple :

Dans l'exemple précédent on rend le multiplicande cent fois plus petit en négligeant les zéros, le multiplicateur devient dans la même hypothèse dix fois plus petit ; le produit sera donc 10 fois 100 fois ou 1000 fois trop petit ; on lui donnera sa véritable valeur en le multipliant par 1 000 : ce qui se fait en mettant trois zéros à la droite.

### Preuve de la multiplication.

21. D'après ce qui a été démontré ci-dessus [17], on peut faire la preuve de la multiplication en changeant l'ordre des facteurs et multipliant de nouveau. Si les deux multiplications sont bien faites, les produits doivent être les mêmes.

### Applications de la multiplication.

La multiplication sert à trouver la valeur de plusieurs choses de même espèce lorsqu'on connaît la valeur d'une de ces choses. Par exemple, si 1 mètre d'ouvrage coûte 4 369 francs, on saura ce que coûteront 587 mètres en multipliant 4 369 par 587. Le produit représentera évidemment le prix de 587

mètres, puisque ce ne sera autre chose que 587 fois
4 369 fr., prix d'un mètre.

On peut même conclure d'après cet exemple que
les unités du produit doivent être de même nature
que celles du multiplicande. Quant au multiplicateur, il est toujours abstrait, puisqu'il désigne sim-
plement combien de fois on doit prendre le multiplicande.

Les questions suivantes trouveront plus tard leurs
applications.

1° *Multiplier 4 375 par 7 et ajouter le produit, à
mesure qu'on le formera, à 6 954.*

Multiplicande 4375. Nombre à ajouter 6 954.
Multiplicateur     7
Produit.     37579

On dira 5 fois 7 font 35 et 4 font 39, je pose 9 et
retiens 3 ; 7 fois 7 font 49 et 3 de retenue font 52,
52 et 5 font 57, je pose 7 et retiens 5 ; 3 fois 7 font
21 et 5 de retenue font 26, 26 et 9 font 35, je pose 5
et retiens 3 ; 4 fois 7 font 28, 28 et 3 font 31, 31 et
6 font 37, je pose 37 : on a pour résultat 37 579.

2° *Multiplier 6 459 par 8 et retrancher le produit,
à mesure qu'on le formera, de 56 947.*

| | |
|---|---|
| Nombre dont il faut soustraire | 56 947 |
| Reste | 5 275 |
| Multiplicande | 6 459 |
| Multiplicateur | 8 |

On dira : 8 fois 9 font 72 : 72 ne pouvant être ôté de 7, on augmentera 56 947 de 7 dizaines et l'on dira : 72 ôté de 77 reste 5 ; puisqu'on a augmenté de 7 dizaines 56 947, il faudra, pour qu'il y ait compensation, augmenter aussi de 7 dizaines le nombre qu'on retranche. On continuera donc en disant : 5 fois 8 font 40, 40 et 7 font 47, 47 ôté de 54 reste 7 et je retiens 5 pour ajouter au produit suivant ; 4 fois 8 font 32, 32 et 5 font 37, 37 ôté de 39 reste 2 et je retiens 3 ; 6 fois 8 font 48, 48 et 3 font 51, 51 ôté de 56 reste 5 ; on a donc pour résultat 5 275. On pourrait encore faire une multiplication et une addition, ou bien les trois opérations en même temps.

### Exercices sur la multiplication.

Multipliez 7 864 396 par 4 079.

Multipliez 694 527 par 6 et ajoutez le produit à 896 349 627 sans l'écrire.

Multipliez 96 743 049 par 7 et retranchez le produit de 6 806 473 642 sans écrire le produit.

Une page renferme 39 lignes et chaque ligne 47 lettres, on demande le nombre de lettres qu'il y a dans la page.

On envoie 38 caisses de fruits ; chacune d'elles pèse 7 kilogrammes, on demande le poids total.

Le kilogramme de ces fruits coûte 3 fr., quel sera le prix des fruits des 38 caisses.

### Des puissances.

22. On appelle *puissance d'un nombre* le produit de ce nombre multiplié une ou plusieurs fois par lui-même.

Si le nombre est deux fois facteur, il est dit à la deuxième puissance; s'il est trois fois facteur, à la troisième puissance, et ainsi de suite. La première puissance est le nombre lui-même. La deuxième puissance est aussi appelée *carré*, et la troisième *cube*.

La première puissance de 6 est 6; la deuxième ou le carré est $6 \times 6 = 36$; la troisième ou le cube est 6.6.6 ou 216; la quatrième 6.6.6.6 ou 1 296, etc.

Pour indiquer la puissance d'un nombre on met à sa droite, un peu au-dessus, un chiffre appelé *exposant*, composé d'autant d'unités qu'il y en a dans le degré de la puissance. Ainsi $6^3$ représentera 6.6.6; $25^4$ représentera 25.25.25.25.

## DE LA DIVISION.

**23.** La *division* est une opération qui a pour but de chercher un des facteurs d'un produit, connaissant ce produit et l'autre facteur.

Le produit connu est appelé *dividende*; le facteur connu, *diviseur*, et le facteur inconnu, *quotient*.

Ainsi diviser 24 par 6, c'est chercher le nombre qui multipliant 6 donne 24 : c'est 4. Ici le dividende est 24, le diviseur 6, et le quotient 4.

Diviser 54 par 9, c'est chercher le nombre qui multipliant 9 donne 54 : c'est 6. Ici le dividende est 54, le diviseur 9, et le quotient 6.

La division s'indique en mettant des points entre le dividende et le diviseur, ou bien en mettant le dividende au-dessus du diviseur et les séparant l'un de l'autre par un trait. Ainsi : $36 : 9 = 4$   ou   $\frac{36}{9} = 4$; trente-six divisé par 9 donne 4.

24. Les deux questions suivantes, qu'on donne quelquefois pour définition de la division, n'en sont que des applications et rentrent dans la définition générale.

1º Partager le nombre 64 en 16 parties égales. Il est clair que si l'on connaissait une des parties, en multipliant par 16 on devrait trouver 64. La question se réduit donc à chercher un nombre qui, multiplié par 16, donne 64 : ce sera 4.

2º Chercher combien de fois un nombre contient un autre nombre : combien de fois 64 contient 16. En multipliant 16 par ce nombre on doit retrouver 64; cela revient donc à chercher un nombre qui, multiplié par 16, donne 64 : c'est encore 4.

Dans ces deux questions on a toujours à chercher un facteur, connaissant le produit 64 et l'autre facteur 16. Elles rentrent donc dans la définition donnée.

### Division par un diviseur d'un seul chiffre.

25. Lorsque le diviseur n'a qu'un chiffre et le dividende un ou deux, si dix fois ce di-

viseur est moindre que le dividende, on trouve le quotient à l'aide de la table de Pythagore.

Soit à diviser 56 par 8.

On descendra dans la colonne qui contient les multiples de 8, jusqu'à ce qu'on trouve 56 ; 56 se trouvant à la 7e ligne horizontale, on en conclut que le quotient est 7.

Si le dividende n'était pas un multiple exact du diviseur, on prendrait dans la table de Pythagore le multiple le plus approchant du dividende. Ainsi on trouvera que 42 divisé par 8 donne pour quotient 5 ; mais on a un reste 2.

Soit à diviser 27 456 par 8.

On disposera l'opération comme il suit :

$$
\begin{array}{c|l}
27456 & 8 \\
34 & \overline{3432} \text{ quotient.} \\
25 & \\
16 &
\end{array}
$$

D'après la définition qui a été donnée, il s'agit de chercher un nombre qui, multiplié par 8, donne 27 456. Ce nombre ne peut pas avoir des dizaines de mille. S'il contenait une seule dizaine de mille, en la multipliant par 8 on aurait au moins 8 dizaines de mille ou 80 000, quantité plus grande que le dividende. Il pourra contenir des unités de mille, parce que 1 000 multiplié par 8 donne 8 000, quantité moindre que le dividende. Il contiendra en outre des centaines, des dizaines et des unités, et le dividende sera le produit du diviseur par les mille, les centaines, les dizaines et les unités du quotient.

Le produit des unités de mille du quotient par le diviseur, donnant nécessairement des mille, sera contenu dans les 27 mille du dividende. On aura donc le chiffre des mille du quotient en divisant 27 par 8 ou en cherchant le nombre qui, multipliant 8, donne 27 ; on a 3 que l'on pose au quotient : on multipliera le quotient *partiel* 3 par 8 et l'on retranchera le produit de 27. Le reste est 3.

Ce 3 qui exprime des mille, joint à l'autre partie du dividende 456, donne 3 456 qui ne représente plus que le produit des centaines, dizaines et unités du quotient par le diviseur 8. Le produit des centaines du quotient par 8 se trouve contenu dans les centaines de 3 456 ou bien dans 34. On aura donc ces centaines en divisant 34 par 8. Le quotient est 4.

Dans la pratique, on se contente d'abaisser le chiffre 4 à la droite du reste 3. On multiplie 4 par 8 et l'on retranche le produit obtenu de 34. Le reste est 2 qui, avec l'autre partie du dividende 56, représente le produit des dizaines et des unités du quotient par le diviseur.

Le produit des dizaines par 8 sera contenu dans les dizaines de 256 ou bien dans 25. Il faudra diviser 25 par 8, ou chercher le nombre qui multipliant 8 donne 25 : c'est 3 ; puis multiplier le diviseur 8 par le quotient partiel 3, et retrancher le produit 24 de 25 ; il restera 1 dizaine qui, jointe à l'autre partie 6 du dividende, donnera le produit du diviseur par les unités du quotient, et en divisant 16 par 8 on aura 2 pour les unités du quotient. Le quotient est donc 3 432.

Règle générale : *Pour faire la division, il faut prendre sur la gauche du dividende autant de chiffres qu'il en faut pour contenir le diviseur ( c'est ce que l'on appelle un dividende partiel) ; chercher à l'aide de la table de*

*Pythagore combien de fois le dividende par-*
*tiel contient le diviseur, et écrire le quo-*
*tient ; multiplier le diviseur par ce quotient*
*partiel et retrancher le produit du dividende,*
*opérer sur ce nouveau dividende partiel*
*comme sur le précédent, et ainsi de suite ; si*
*un dividende partiel ne contient pas le divi-*
*seur, mettre un zéro au quotient et abaisser*
*le chiffre suivant du dividende.*

26. Prendre le quart, le cinquième, le huitième d'un nombre n'est autre chose que diviser ce nombre par 4, 5, 8. Dans la pratique
où l'on cherche à opérer avec le plus de
promptitude possible, on se dispense d'écrire
les divers dividendes partiels, comme on l'a
fait dans les opérations précédentes. Ainsi si
l'on a à diviser par 9 ou à prendre le neuvième de 478 973, on dira :

$$478973$$
$$53219 \quad \text{quotient.}$$

Le neuvième de 47 est 5, 5 fois 9 font 45 ;
45 ôté de 47 reste 2 qui, joint au chiffre suivant, donne 28. Le neuvième de 28 est 3 ; et
ainsi de suite.

### Division par un diviseur de plusieurs chiffres.

27.  Soit 4 237 847 à diviser par 5 879.
On disposera ces nombres ainsi :

| Dividende  4237847 | 5879 diviseur |
| 20254 | 734 quotient |
| 26177 | |
| 2601 reste | |

On s'assurera aisément que le quotient ne peut pas avoir des millions, ni des centaines de mille, ni des dizaines de mille, ni même des mille, parce que s'il y avait une seule de ces unités au quotient, en la multipliant par le diviseur 5 879 on aurait un produit plus grand que le dividende. On pourra avoir des centaines au quotient parce qu'une centaine multipliée par 5 879 ne donne que 5 879 centaines et il y en a 42 578 au dividende. Le quotient renfermera des centaines, en outre des dizaines et des unités, et l'on devra considérer le dividende comme le produit du diviseur par les centaines, les dizaines et les unités du quotient. Le produit du diviseur par les centaines du quotient donnant un nombre exact de centaines, se trouvera contenu dans les centaines du dividende 42 378, et l'on aura les centaines du quotient en cherchant le nombre qui multipliant 5 879 donne 42 378. Ce nombre paraît assez difficile à trouver. Cependant on voit aisément qu'il ne peut pas être plus fort que celui qui multipliant les plus fortes unités du diviseur 5 000 donne les unités correspondantes 42 000 du nombre 42 879. En effet 5 multipliant 8 donne moins que 42. Je ne dis pas que 8 soit le véritable quotient, mais il est certain qu'on ne peut pas avoir plus de 8. En effet, si on mettait 9, le diviseur multiplié par 5 donnerait au moins 45 000, et au dividende partiel il n'y a que 42 378. On ne peut donc pas avoir plus de 8.

Il s'agit maintenant de savoir si 8 est le véritable chiffre. Pour cela on prend le huitième du dividende partiel 42 378, et sans rien écrire on compare successivement les chiffres que l'on trouve avec ceux du diviseur. Dès que l'on aperçoit que le huitième du dividende est moindre que le diviseur, on conclut évidemment que 8 fois le diviseur est plus grand que le dividende, et 8 devra par conséquent être rejeté. Au contraire, si le huitième du dividende est plus grand que le diviseur, à l'inverse, 8 fois le diviseur sera plus petit que le dividende et 8 devra être conservé. Dans l'exemple actuel on trouve que 8 doit être rejeté. On essaye 7 en faisant pour 7 ce qu'on a fait pour 8. On trouve que 7 est bon. On place 7 au quotient, on multiplie le diviseur par 7 et on retranche le produit du dividende partiel 42 378; on trouve pour reste 2 025.

En raisonnant comme précédemment, on abaissera à côté de ce reste le chiffre suivant du dividende, et l'on divisera 20 254 par 5 879 : en disant, quel est le nombre qui multipliant 5 donne 20. On trouve d'abord 4. En essayant 4 comme nous l'avons dit, on le trouve trop fort. On essaye 3 qu'on trouve bon. On met 3 au quotient; on multiplie le diviseur par 3 et on retranche le produit de 20 254; à côté du reste 2 617, on abaisse le chiffre suivant et on divise encore, on aura 4 pour quotient et 2 661 pour reste. Le quotient de cette division est donc 734 et le reste 2 661.

Il pourrait arriver que le dividende partiel ne contînt pas le diviseur. Alors on mettrait 0 au quotient et l'on abaisserait le chiffre suivant du dividende. Cela se présente dans l'exemple suivant :

$$
\begin{array}{r|l}
3476298 & 2335 \\
6298 & \overline{\phantom{\cdot}200} \\
828 &
\end{array}
$$

La règle générale de la division, qui a été donnée précédemment [25], peut aisément être appliquée au cas où le diviseur contient plusieurs chiffres.

28. Lorsque le dividende devient un certain nombre de fois plus grand ou plus petit, il est clair que le quotient devient le même nombre de fois plus grand ou plus petit, et si le diviseur devient un certain nombre de fois plus grand ou plus petit, le quotient devient le même nombre de fois plus petit ou plus grand. Si l'on rendait le dividende et le diviseur un même nombre de fois plus grands ou plus petits, le quotient resterait le même.

On peut faire usage de ce principe pour simplifier les divisions. Dans l'exemple suivant on pourra enlever trois 0 du dividende ou du diviseur, ce qui revient à diviser par 1 000.

$$
\begin{array}{r|l}
437000 & 27000 \\
167000 & \overline{16} \\
\text{Reste} \quad 5000 &
\end{array}
$$

### Applications de la division.

La division sert à trouver la valeur d'une chose lorsqu'on connaît la valeur de plusieurs choses de la même espèce. Ainsi, si l'on sait que 49 mètres ont coûté 17 493 fr., il est clair qu'en partageant 17 493 en 49 parties égales, une de ces parties exprimera le prix du mètre. Or, nous avons déjà dit que partager en 49 parties égales ou diviser par 49, c'était la même chose ; nous diviserons 17 493 par 49, et le quotient 357 sera le prix du mètre.

Les deux questions suivantes et celles du même genre se présentent souvent.

1° *28 mètres ayant coûté 1 036 fr., combien coûteront 34 mètres ?*

On cherchera le prix d'un mètre en divisant 1 036 par 28. On trouve 37 pour quotient, et il est évident qu'en multipliant ce quotient par 34, le produit 1 998 exprimera le prix de 34 mètres. L'opération que nous venons de faire est connue sous le nom de *règle de trois*.

2° *Trois ouvriers ont à se partager 9 486 fr. : le premier a travaillé pendant 42 jours ; le deuxième 36 jours et le troisième 75 jours ; combien revient-il à chacun ?*

En faisant la somme des nombres 42, 36, 75, on aura le nombre de journées faites par 3 ouvriers réunis ; en divisant 9 486 par cette somme 153, le quotient 62 représentera ce que gagne un ouvrier par journée. En multipliant successivement cette somme par 42, 36 et 75, on aura ce qui revient à chacun des ouvriers. On trouve pour le premier 2 604, pour le second 2 232 et pour le troisième 4 650. Si l'on a bien opéré, ces trois nombres réunis doivent faire 9 486. Cette opération est connue sous le nom de *règle de société.*

### Exercices sur la division.

On pourra s'exercer sur les exemples suivants :

```
Dividende 478973 | 9      diviseur
          28     | 53219  quotient
           19
           17
           83
           1 reste
```

```
Dividende 538465 | 7    diviseur
           48    | 76923 quotient
           64
            16
            25
             4 reste
```

## Preuves de la multiplication et de la division.

29. On s'assure si une multiplication est bien faite en divisant le produit par un des facteurs; il est clair, d'après ce que nous avons dit de la division, qu'il faut avoir pour quotient l'autre facteur, autrement l'une des deux opérations au moins sera fausse.

Exemple :

```
   Multiplication.          Preuve.
       437            231473 | 437
       529              1267 | 529
      ─────            4933
      3933              000
      874
     2185
     ──────
     231473
```

30. Pour faire la preuve de la division, on multiplie le diviseur par le quotient et au

produit on ajoute le reste ; il est évident
qu'en opérant bien on doit retrouver le dividende.

Exemple :

|  Division.  |      |  Preuve. |
|:-----------:|:----:|:--------:|
| 4367        | 295  |   295    |
| 1417        |  14  |    14    |
| 237         |      |   1180   |
|             |      |   295    |
|             |      |   237    |
|             |      |   4367   |

### De quelques propriétés des nombres.

**31.** Un nombre est divisible par 2, lorsque
le dernier chiffre est divisible par 2.

On peut décomposer tout nombre en dizaines et en unités. Ainsi $2\,356 = 2\,350 + 6$,
et $2\,350$ étant $235$ dizaines et une dizaine
étant divisible par 2, 235 dizaines seront
divisibles par 2 ; mais 6 est aussi divisible
par 2 ; donc $2\,356$ est divisible par 2.

Les chiffres divisibles par 2 sont 0, 2, 4,
6, 8 ; lorsqu'un de ces chiffres terminera un
nombre, ce nombre sera donc divisible par 2.

Au contraire un nombre ne sera pas divisible par 2, s'il est terminé par un des chiffres 1, 3, 5, 7, 9.

Les nombres exactement divisibles par 2 sont appelés *pairs* et les autres *impairs*.

Un nombre est divisible par 4 ou par $2^2$ lorsque les deux derniers chiffres forment un nombre divisible par 4.

On peut décomposer le nombre 3 528 en 3 500 $+$ 28 : or 35 exprime 35 centaines ; une centaine est divisible par 4, donc 3 500 sont divisibles par 4. Mais l'autre partie 28 est aussi divisible par 4 ; donc 3 528 est divisible par 4.

On démontrerait de même qu'un nombre est divisible par 8 ou $2^3$, lorsque les trois derniers chiffres forment un nombre divisible par $2^3$, par 16 ou 24, etc.

Un raisonnement pareil à celui que nous venons de faire prouverait qu'un nombre est divisible par 5, lorsque le dernier chiffre est divisible par 5 ; par 25 ou $5^2$, lorsque les deux derniers chiffres forment un nombre divisible par 25 ou $5^2$, et ainsi de suite.

32. Un nombre est divisible par 9, lorsque la somme de ses chiffres considérés comme

des unités simples est divisible par 9. Pour le prouver, je remarque que les nombres tels que 10, 100, 1 000, etc., divisés par 9 donnent 1 pour reste. En effet ils se décomposent en $9+1$, $99+1$, $999+1$, etc.; la première partie étant évidemment divisible par 9, la seconde 1 sera le reste de la division de tout le nombre par 9.

Puisque 100 divisé par 9 donne pour reste 1, 200 divisé par 9 donnera 2 pour reste; 400, 700, etc., donneront 4, 7, etc., pour reste.

En général un nombre formé d'un chiffre significatif, accompagné d'autant de zéros qu'on voudra, étant divisé par 9 donnera pour reste ce chiffre significatif; ou, ce qui revient au même, en ôtant de ce nombre ce chiffre significatif, le reste sera divisible par 9.

Cela posé, soit le nombre 4 275; on le décompose ainsi :

$$4000$$
$$200$$
$$70$$
$$5$$

En ôtant 4 de 4 000, 2 de 200, 7 de 70,

5 de 5, les restes seront divisibles par 9 ; donc en ôtant 4 + 2 + 7 + 5 ou bien 18 du nombre 4 275, le reste sera divisible par 9. Mais 18 étant un multiple de 9, en le laissant dans 4 275 il n'empêchera pas la division de 4 275. Ainsi un nombre sera divisible par 9 lorsque la somme de ses chiffres sera divisible par 9.

En raisonnant comme précédemment on verrait que pour rendre 4 657 divisible par 9 il faudrait en ôter 22. Mais il convient d'ôter 4, parce qu'en laissant 18, qui est divisible par 9, on n'empêchera pas que la division se fasse exactement. Donc si l'on divise 4 657 par 9, on aura pour reste 4. Il résulte de là qu'en prenant l'excès de la somme des chiffres d'un nombre sur le plus fort multiple de 9 qu'elle contient, on a le reste de la division de ce nombre par 9.

Un nombre divisible par 9 est aussi divisible par 3 ; puisque 3 fois 3 donne 9 : un nombre est donc divisible par 3, si la somme de ses chiffres est divisible par 3.

33. Un nombre peut diviser à la fois deux autres nombres : ainsi 2 divise exactement 12 et 20 ; 4 divise exactement 48 et 72. C'est ce que l'on appelle un *diviseur commun*. Deux

nombres peuvent avoir plusieurs diviseurs communs : ainsi 2 et 4 divisent exactement 12 et 20 ; 3, 4, 8 divisent exactement 48 et 72.

Parmi les diviseurs, il en est un qui est le plus grand de tous, et on l'appelle *le plus grand commun diviseur*.

La recherche de ce nombre est importante en arithmétique. Voici les principes sur lesquels elle est fondée.

Tout nombre qui divise deux des trois nombres, le dividende, le diviseur et le reste d'une division, divise le troisième.

Soit le dividende 120 et le diviseur 48. Tous les deux sont divisibles par 3, 4 et 8 ; en faisant la division on trouve pour reste 24 qui est aussi divisible par 3, 4 et 8. La raison est facile à donner. Le dividende 120 se compose du diviseur 48 multiplié par le quotient 2, augmenté du reste 24. Mais puisque 120 est divisible par 3, l'une de ses portions $48 \times 2$ étant divisible par 3, l'autre portion 24 doit aussi être divisible par 3.

Soit à chercher le plus grand commun entre 4158 et 528. Ce plus grand commun diviseur peut être au plus 528, le plus petit nombre des deux, puisqu'il doit le diviser. Pour s'en assurer, il suffit de diviser 4158 par 528 ; on trouve 7 au quotient et 462 pour reste : 528 n'est donc pas le plus grand commun diviseur. Mais tout nombre qui divise exactement deux des trois nombres 4158, 528 et 462, divise exactement le troisième ; donc le plus grand commun diviseur ne pourra dépasser 462. Mais il pourrait être 462 lui-même : pour s'en assurer, il suffit de regarder si 528 contient exactement 462. La division donne pour reste 66 ; 462 n'est donc pas le plus grand commun diviseur. Tout nombre qui divise deux des trois nombres 528, 462 et 66, divise le troisième ; le plus grand commun diviseur ne peut donc dépasser 66, mais il pourrait être 66 lui-même. Pour s'en assurer, on divise 462 par 66 ; la division donne 0 pour reste : 66 est donc le plus grand commun diviseur.

On dispose l'opération ainsi qu'il suit :

| | 7 | 1 | 7 |
|---|---|---|---|
| 4158 | 528 | 462 | 66 |
| 462 | 66 | 0 | |

## DES FRACTIONS.

**34.** Il a été dit qu'une collection d'unités forme un nombre entier ; mais on conçoit que l'on puisse prendre une portion de l'unité et en former ainsi un nombre appelé *fraction*.

Pour se faire une idée nette d'une fraction on a besoin de deux nombres. L'un d'eux exprime que l'unité est divisée en parties égales, c'est le *dénominateur*, et l'autre combien on prend de ces parties, c'est le *numérateur*.

Le dénominateur et le numérateur sont appelés les *termes de la fraction*.

Ainsi que l'on suppose l'unité partagée en 7 portions égales ; si l'on prend 2 de ces portions, on aura une fraction que l'on énoncera ainsi : *deux septièmes*, et que l'on écrira $\frac{2}{7}$ ; 2 est le numérateur et 7 le dénominateur. On aurait pu prendre 5 parties sur 7 et on aurait eu *cinq septièmes* ou $\frac{5}{7}$.

D'après cela $\frac{8}{17}$ veut dire que l'on a partagé l'unité en 17 parties égales et qu'on a pris 8 de ces parties ; $\frac{12}{49}$, que l'on a partagé l'unité en 49 parties égales, et que l'on a pris 12 de ces parties, et ainsi de suite.

Les trois fractions $\frac{1}{2}$, $\frac{2}{3}$, $\frac{3}{4}$ s'énoncent : *une demie, deux tiers, trois quarts*, tout en ayant la signification indiquée ci-dessus.

35. Les fractions jouissent de quelques propriétés qu'il importe de connaître.

1° **Si** on rend le numérateur un certain nombre de fois plus grand ou plus petit, la fraction devient autant de fois plus grande ou plus petite ; car le dénominateur ne changeant pas, on prend le même nombre de fois plus ou moins de parties.

Ainsi, soit $\frac{4}{19}$ ; si on rend le numérateur deux fois plus grand sans toucher au dénominateur, ou si on le multiplie par 2, on aura $\frac{8}{19}$ ; on prend dans la seconde 2 fois plus de parties que dans la première. Comme les parties sont les mêmes, la fraction a doublé de valeur.

2° **Si** on rend le dénominateur un certain nombre de fois plus grand ou plus petit, la valeur de la fraction est d'autant de fois plus petite ou plus grande.

Soit en effet $\frac{7}{12}$; que l'on rende le dénominateur 2 fois plus grand, on aura $\frac{7}{24}$. Dans la première fraction on partage l'unité en 12 parties égales; dans la deuxième on partage cette même unité en 24 parties égales. Il est évident que ces dernières parties sont deux fois plus petites que les premières. Puisqu'on prend dans les deux cas le même nombre de parties, la valeur de la fraction est donc 2 fois plus petite.

3° Quand on rend le numérateur et le dénominateur d'une fraction simultanément le même nombre de fois plus grands ou plus petits, la valeur est la même. Car en rendant le numérateur un certain nombre de fois plus grand, la fraction devient le même nombre de fois plus grande; et en rendant le dénominateur autant de fois plus grand, la fraction devient autant de fois plus petite; la valeur ne change donc pas. D'où il suit que la même valeur peut être exprimée sous une infinité de formes.

Ainsi, soit $\frac{5}{12}$; en multipliant successivement les deux termes par 2, 3 et 4, on obtiendra les fractions suivantes $\frac{10}{24}$, $\frac{15}{36}$, $\frac{20}{48}$, toutes égales entre elles.

Il en serait de même si on divisait les deux termes d'une fraction par un même nombre.

36. De cette dernière propriété résulte une opération très-souvent employée en arithmétique, c'est la *réduction des fractions à leur plus simple expression*. Il est bien évident que les calculs sont d'autant plus simples que les termes d'une fraction sont d'autant plus petits. Lors donc que l'on pourra transformer une fraction en une autre sans altérer sa valeur, mais avec des nombres plus faibles, ce sera un avantage : c'est ce que l'on appelle *réduire une fraction à une plus faible expression*.

Ainsi, soit la fraction $\frac{648}{864}$. D'après ce que l'on a vu [31], les deux termes sont divisibles par 4; et en faisant cette opération on a $\frac{162}{216}$, fraction égale à $\frac{648}{864}$. On peut encore diviser par 2 les deux termes de $\frac{162}{216}$, ce qui donne $\frac{81}{108}$, fraction toujours égale à $\frac{648}{864}$; on peut diviser par 9 [32] les deux termes de $\frac{81}{108}$, ce qui donne $\frac{9}{12}$; enfin, on peut diviser les deux termes de cette dernière par 3, on a $\frac{3}{4}$ : de telle sorte que toutes ces fractions étant égales entre elles, $\frac{3}{4}$ est égale à la fraction primitive $\frac{648}{864}$. Or, il est plus facile de calculer sur $\frac{3}{4}$.

Mais on ne peut pas toujours reconnaître quels sont les nombres qui divisent également les deux termes de la fraction. Dans ce cas on divise les deux termes par le plus grand commun diviseur [33].

Ainsi soit la fraction $\frac{528}{4158}$. Le plus grand commun diviseur de 4158 et de 528 est 66. En divisant les deux termes par ce dernier nombre, on obtient la fraction $\frac{8}{63}$ égale à $\frac{528}{4158}$.

37. Les nombres entiers se présentent souvent sous la forme de fractions.

Ainsi, soit $\frac{12}{4}$. Pour expliquer ce nombre, il suffit de remarquer qu'au lieu de diviser une seule unité en quatre parties égales, on en a divisé autant qu'il en a fallu pour prendre le nombre exprimé par le numérateur. Dans cet exemple, si on partage 3 unités chacune en 4 parties égales, on aura exactement les 12 parts prises par le numérateur. Ce nombre équivaut donc à 3 unités.

Si on avait $\frac{15}{6}$, on devrait supposer 3 unités partagées chacune en 6 parties égales ; on en aurait pris 6 sur deux parties d'entre elles et 3 sur la troisième, ce qui ferait en tout 2 unités et $\frac{3}{6}$ ou $\frac{1}{2}$.

Ces nombres s'appellent *nombres fractionnaires.*

38. On a souvent besoin d'*extraire les entiers d'une fraction*, comme de *réduire un entier en fraction.*

Soit le nombre fractionnaire $\frac{27}{12}$. Autant de 12 parties, autant il y a d'unités ; donc autant de fois 12 sera contenu dans 27, autant il y aura d'unités ; il faut donc diviser

27 par 12, ce qui donne 2 pour quotient et 3 pour reste. Le nombre fractionnaire équivaut à $2 + \frac{3}{12}$ ou $2 + \frac{1}{4}$.

Il n'est pas plus difficile de mettre un nombre entier sous forme de fraction ou de le réduire en fraction.

Soit 7 que l'on veut exprimer sous la forme d'une fraction qui aurait 9 pour dénominateur. Pour cela, il faut qu'il y ait autant de 9 parties égales qu'il y a d'unités. Or, il y en a 7; il faut donc multiplier 9 par 7, ce qui donne 63, et 7 sous forme fractionnaire sera exprimé ainsi $\frac{63}{9}$.

39. Il est une dernière opération préparatoire sur les fractions dont on ne peut se dispenser, c'est la *réduction des fractions au même dénominateur*. Elle consiste à transformer plusieurs fractions en d'autres fractions ayant des valeurs respectivement égales aux premières et ayant toutes le même dénominateur.

Soit à réduire au même dénominateur les deux fractions $\frac{7}{8}$, $\frac{4}{9}$.

Si on multiplie les deux termes 7 et 8 de la

première par le dénominateur 9 de la seconde, on obtient la fraction $\frac{63}{72}$ égale en valeur à $\frac{7}{8}$. Si on multiplie les deux termes 4 et 9 de la seconde par le dénominateur 8 de la première, on obtient la fraction $\frac{32}{72}$ qui est égale en valeur à $\frac{4}{9}$. On peut donc remplacer les deux fractions $\frac{7}{8}$ et $\frac{4}{9}$ par les deux autres $\frac{63}{72}$, $\frac{32}{72}$, et elles ont le même dénominateur; car pour l'avoir, on a d'abord multiplié 8 par 9, et ensuite 9 par 8, opérations qui donnent le même résultat [17].

Soit pris plusieurs fractions : $\frac{3}{8}$, $\frac{7}{11}$, $\frac{4}{5}$.

Si l'on multiplie les deux termes 3 et 8 de la première par le produit 55 des deux dénominateurs des autres, on aura $\frac{165}{440} = \frac{3}{8}$. Si l'on multiplie les deux termes 7, 11 de la seconde par 40, produit des dénominateurs des deux autres, on aura $\frac{280}{440} = \frac{7}{11}$. Enfin, si l'on multiplie les deux termes 4, 5 de la troisième par 88, produit des dénominateurs des deux autres, on aura $\frac{352}{440} = \frac{4}{5}$. On obtient donc les 3 fractions $\frac{165}{440}$, $\frac{280}{440}$, $\frac{352}{440}$, ayant toutes trois le même dénominateur et ayant des valeurs respectivement égales aux fractions proposées $\frac{3}{8}$, $\frac{7}{11}$, $\frac{4}{5}$.

Si on avait un plus grand nombre de fractions, on opérerait d'une façon analogue.

Cette opération permet de comparer les fractions entre elles ; car, tant qu'elles n'ont pas le même dénominateur qui n'est autre chose en quelque sorte que leur nom ou leur dénomination, elles sont d'espèces différentes. Il serait difficile de reconnaître au premier aperçu quelle est la plus petite ou la plus grande des trois fractions ci-dessus $\frac{3}{8}$, $\frac{7}{11}$, $\frac{4}{5}$. Mais si l'on prend les trois autres qui ont la même valeur qu'elles et le même dénominateur $\frac{165}{440}$, $\frac{280}{440}$, $\frac{352}{440}$, on voit immédiatement que $\frac{165}{440}$ ou $\frac{3}{8}$ est la plus petite et $\frac{4}{5}$ la plus forte.

## Addition des fractions.

**40.** Soit à ajouter les trois fractions

$$\frac{3}{8}, \quad \frac{7}{11}, \quad \frac{4}{5}.$$

Comme on ne peut ajouter que des quantités de même espèce, il faut réduire les trois fractions au même dénominateur, ce qui donne

$$\frac{165}{440}, \quad \frac{280}{440}, \quad \frac{352}{440},$$

et il revient au même d'ajouter ces trois dernières que les autres. Mais comme le résultat doit exprimer des $440^{es}$, c'est-à-dire être de la même nature que les quantités à ajouter, il suffit d'examiner combien il y a de $440^{es}$ ou d'ajouter les numérateurs. Cette addition donne 797 ; on aura donc $\frac{797}{440}$. C'est la somme des trois fractions proposées. Mais le numérateur étant plus fort que le dénominateur, on a un nombre fractionnaire, et en extrayant les entiers on obtiendra $1 + \frac{357}{440}$.

Si on avait un entier et une fraction, par exemple $7 + \frac{4}{9}$, on s'y prendrait ainsi : d'abord 7 valent $\frac{63}{9}$ [38], auxquels il faut ajouter $\frac{4}{9}$; on a donc $\frac{67}{9}$.

Ainsi, pour ajouter plusieurs fractions, il faut les réduire au même dénominateur, ajouter les numérateurs des nouvelles fractions et donner à cette somme le dénominateur commun.

### Exercices.

Faire les additions suivantes :

$$\frac{7}{8} + \frac{9}{40} + \frac{1}{36} + \frac{11}{56};$$

$$\frac{12}{29} + \frac{13}{50} + \frac{17}{60} + \frac{23}{80};$$

$$\frac{1}{2} + \frac{1}{3} + \frac{1}{4} + \frac{1}{5} + \frac{1}{6}.$$

### Soustraction des fractions.

41. Quand on veut retrancher une fraction d'une autre, il faut aussi les réduire au même dénominateur.

Soit à retrancher $\frac{7}{15}$ de $\frac{8}{9}$. La réduction au même dénominateur donne $\frac{63}{135}$, $\frac{120}{135}$; et comme le résultat doit exprimer des 135es, il suffit de prendre la différence des numérateurs et l'on a $\frac{57}{135}$.

Si on avait des entiers et des fractions, soit par exemple $6 + \frac{4}{5}$ à retrancher de $12 + \frac{3}{11}$, on pourrait réduire le tout en fraction; mais il est un procédé plus court. Il consiste à réduire les deux fractions au même dénominateur : on a $\left(12 + \frac{15}{55}\right) - \left(6 + \frac{44}{55}\right)$.

On commence par faire la soustraction des fractions; mais comme l'opération ne peut s'effectuer, on la rend possible en ajoutant à $\frac{15}{55}$ une unité ou $\frac{55}{55}$, ce qui donne $\frac{70}{55}$, et en retranchant $\frac{44}{55}$ de $\frac{70}{55}$, on obtient $\frac{26}{55}$; et comme on a augmenté le nombre supérieur de 1, on retranchera 7 de 12, et on a définitivement $5 + \frac{26}{55}$.

Ainsi, pour soustraire une fraction d'une autre, il faut les réduire au même dénomina-

3.

teur, faire la soustraction des numérateurs
et donner à la différence le dénominateur
commun.

**Exercices.**

Retrancher $\dfrac{27}{40}$ de $\dfrac{28}{39}$ ;

$\dfrac{149}{346}$ de $\dfrac{240}{313}$.

## Multiplication des fractions.

42. La multiplication des fractions n'a
pas le même caractère ni le même sens que
la multiplication des nombres entiers. Elle
ne peut pas avoir pour but de répéter des
nombres, puisque les fractions sont des portions de l'unité. La multiplication d'un nombre par une fraction consiste à prendre sur ce
nombre la portion exprimée par la fraction.

Ainsi multiplier $\dfrac{7}{8}$ par $\dfrac{4}{9}$ revient à prendre
sur $\dfrac{7}{8}$ la portion exprimée par $\dfrac{4}{9}$. Or, $\dfrac{4}{9}$ expri-
mant les $\dfrac{4}{9}$ de l'unité, il faudra prendre les $\dfrac{4}{9}$
de $\dfrac{7}{8}$. Pour cela, il faut avoir d'abord $\dfrac{1}{9}$ de $\dfrac{7}{9}$

ou rendre $\frac{7}{8}$ 9 fois plus petit, en multipliant le dénominateur 8 par 9 ; on a ainsi $\frac{7}{8 \times 9}$. Nous n'avons là que $\frac{1}{9}$, et comme il faut avoir $\frac{4}{9}$ ou un résultat 4 fois plus fort, il suffira de multiplier le numérateur 7 par 4 ; ce qui donne en définitive $\frac{7 \times 4}{8 \times 9} = \frac{28}{72} = \frac{7}{18}$ ; c'est-à-dire que pour multiplier une fraction par une fraction, il faut multiplier les numérateurs entre eux et les dénominateurs entre eux.

Soit à multiplier 7 par $\frac{11}{15}$. D'après la définition, il faut prendre les $\frac{11}{15}$ de 7 ; et d'abord $\frac{1}{15}$ de 7 donne $\frac{7}{15}$, et les $\frac{11}{15}$ seront $\frac{7 \times 11}{15}$, ou l'entier multiplié par le numérateur ; le résultat sera $\frac{77}{15} = 5 + \frac{2}{15}$.

Enfin soit à multiplier $\frac{8}{11}$ par 4. Ici il faut multiplier par un nombre entier ou rendre 4 fois plus fort, et on sait qu'il suffit de rendre le numérateur 4 fois plus grand ; ce qui donne $\frac{32}{11} = 2 + \frac{9}{11}$.

Tant qu'on a à multiplier par une fraction, le résultat est plus faible que le dénominateur, puisque le but est d'en prendre une portion. Dans la multiplication ci-dessus, on a obtenu $\frac{7}{18}$ qui est plus faible que $\frac{7}{8}$.

**Exercices.**

Multiplier $\frac{59}{67}$ par $\frac{43}{87}$ ;

$\frac{46}{59}$ par $\frac{248}{769}$.

Prendre les $\frac{3}{4}$ des $\frac{5}{6}$ des $\frac{9}{11}$ de 47.

**Division des fractions.**

43. La division des fractions a le même but que celle des nombres entiers.

Ainsi diviser $\frac{7}{8}$ par $\frac{4}{11}$, c'est chercher le nombre qui, multiplié par $\frac{4}{11}$, donne $\frac{7}{8}$. Le quotient multiplié par $\frac{4}{11}$ doit donc produire $\frac{7}{8}$ ; ou, en d'autres termes, les $\frac{4}{11}$ du quotient doivent donner $\frac{7}{8}$. Donc $\frac{1}{11}$ du quotient doit être le quart de $\frac{7}{8}$ ou bien $\frac{7}{8 \times 4}$. Le quotient entier sera onze fois plus fort ou $\frac{7 \times 11}{8 \times 4}$.

On le voit donc, la division de $\frac{7}{8}$ par $\frac{4}{11}$ revient à ceci $\frac{7 \times 11}{8 \times 4}$ ou $\frac{7}{8} \times \frac{11}{4}$ ; elle se transforme en une multiplication du dividende $\frac{7}{8}$ par le diviseur $\frac{11}{4}$ renversé, dans lequel le numérateur est devenu le dénominateur et le dénominateur le numérateur. L'opération effectuée donne : $\frac{77}{32} = 2 + \frac{13}{32}$.

Donc, pour diviser une fraction par une fraction, il faut multiplier la fraction dividende par la fraction diviseur renversée.

Si l'on a un entier 9 à diviser par $\frac{7}{15}$, le même raisonnement amène à multiplier 9 par $\frac{15}{7}$ ou à multiplier l'entier par la fraction renversée : on a $\frac{135}{7} = 19 + \frac{2}{7}$.

Enfin, pour diviser une fraction $\frac{8}{15}$ par 7, il faut rendre la fraction 7 fois plus faible ou multiplier le dénominateur 15 par 7, ce qui donne $\frac{8}{105}$ : ce qui revient à multiplier le dénominateur par l'entier.

### Exercices.

Diviser $\qquad$ 48 $\qquad$ par $\qquad$ $\frac{11}{47}$ ;

$\qquad$ $\frac{17}{21}$ $\qquad$ par $\qquad$ $\frac{8}{13}$.

## DES FRACTIONS DÉCIMALES.

44. Il est une autre espèce de fractions qui dérivent de notre système de numération et qui suivent des règles analogues à celles des nombres entiers : ce sont les *fractions décimales.*

Ces fractions ont toujours pour dénominateurs les nombres 10, 100, 1 000, etc. Leur formation est fondée sur ce principe que les chiffres écrits à la droite des unités simples expriment des quantités de dix en dix fois plus faibles. Le premier chiffre écrit à la droite des unités exprime des dixièmes, le chiffre placé à la droite des dixièmes exprime des centièmes, le chiffre placé à la droite des centièmes exprime des millièmes, et ainsi de suite. En d'autres termes, de même que pour les nombres entiers on forme, après 9, 99, 999, etc., un ordre d'unités dix fois plus fort, c'est-à-dire des dizaines, des centaines, des mille, etc., de même, on forme ici des espèces d'unités dix fois plus faibles que l'unité elle-même, et que l'on appelle des dixièmes, des centièmes, des millièmes, etc. Mais pour ne pas confondre ces unités avec les entiers, on est convenu de les séparer par une virgule, et lorsqu'il n'y a pas d'entier on le remplace par un zéro.

45. Il importe de savoir énoncer et écrire facilement les fractions décimales.

Soit à écrire *sept entiers, huit cent soixante-treize millièmes*. D'abord on écrira 7 et on placera une virgule; puis on remarquera que l'on demande des millièmes. Or les millièmes occupant le troisième rang à la droite des entiers, il faudra que trois places soient remplies; et comme 873 renferme trois chiffres, en l'écrivant à la suite de la virgule, on aura bien le nombre demandé : 7,873.

Soit encore *trois entiers, quatre-vingt-sept dix-millièmes*. On écrira d'abord 3 ; puis on

remarquera que l'on demande des dix-millièmes qui occupent le quatrième rang ; il faut
donc remplir quatre places après la virgule ;
et comme 87 ne peut en remplir que deux,
on le fait précéder de deux zéros, ce qui
donne : 3,0087.

Soit pour dernier exemple : *huit cent quatre
millionièmes*. Les millionièmes occupent la
sixième place après la virgule et 804 n'en
remplira que trois. On fera donc précéder
804 de trois zéros, et comme il n'y a pas
d'entiers, on les remplacera par un zéro, de
telle sorte que l'on aura 0,000804.

46. Pour énoncer une fraction décimale,
on examinera le rang qu'occupe le dernier
chiffre après la virgule, ce qui indiquera
l'ordre d'unités à énoncer ; puis on lira la
partie décimale comme si c'était un nombre
entier et on lui donnera pour dénominateur
l'espèce d'unités observée plus haut.

Soit 4,059. Le dernier chiffre exprime
des millièmes, il y a donc *quatre entiers, cin-
quante-neuf millièmes*.

47. Les fractions décimales jouissent de
quelques propriétés qu'il importe de connaître.

1° La place qu'occupe la virgule dans les décimales joue un très-grand rôle. Il faut donc examiner ce que devient le nombre quand on l'avance vers la droite ou vers la gauche.

En avançant la virgule de un, deux, trois, etc., rangs vers la droite, le nombre devient dix fois, cent fois, mille fois plus fort. En effet, soit 456,8473. Si on met la virgule entre le 8 et le 4, ou si on avance d'un rang vers la droite, on obtient 4568,473, et l'on voit que le 4, qui exprimait des centaines, exprime actuellement des mille, nombre dix fois plus fort ; que le 5, qui exprimait des dizaines, exprime actuellement des centaines, nombre encore dix fois plus fort ; que le 6 exprime des dizaines, tandis qu'il exprimait des unités ; que le 8 exprime des unités, tandis qu'il exprimait des dixièmes, et ainsi de suite. Chaque partie est devenue dix fois plus forte ; le nombre total est donc aussi dix fois plus fort. On ferait le même raisonnement pour démontrer que le nombre devient cent fois, mille fois plus fort, en avançant la virgule de deux, trois rangs vers la droite.

De même, si on recule la virgule de un,

deux, trois, etc., rangs vers la gauche, le nombre devient dix, cent, mille fois plus faible. Car chaque espèce d'unités occupant un rang moins avancé vers la virgule devient dix, cent, mille fois plus faible. De là un moyen de diviser ou de multiplier un nombre par 10, 100, 1000, etc.

Soit 4,758 à multiplier par 100. On avancera la virgule de deux rangs vers la droite ; ce qui donnera 475,8. Si on veut le multiplier par 1 000, on avancera la virgule de trois rangs, vers la droite en la supprimant, et on aura 4 758.

Si on veut diviser le même nombre par 10, on avancera la virgule d'un rang vers la gauche, et on aura 0,4758. Si on veut le diviser par 100, il faudra la reculer de deux rangs ; ce qui donne 0,04758, et ainsi de suite.

2° Tant que les chiffres qui composent un nombre ne changent pas de place par rapport à la virgule, le nombre ne change pas de valeur. Si on met un ou plusieurs zéros à la droite d'une fraction décimale, on aura une fraction égale à la précédente.

Soit 4,73. On mettra deux zéros à la droite, et on aura 4,7300 ; le 7 et le 3 expriment toujours des dixièmes et des centièmes : la fraction n'a donc pas changé de valeur.

On peut s'en rendre encore facilement compte en mettant les fractions sous forme de fractions ordinaires. La première donne $4 + \frac{73}{100}$ et la deuxième $4 + \frac{7300}{10000}$. C'est comme si on avait multiplié le numérateur et le dénominateur de la première par 100; ce qui n'en altère nullement la valeur.

### Addition des nombres décimaux.

48. L'addition des nombres décimaux se fait comme celle des nombres entiers, sauf à mettre la virgule là où on la rencontre.

Ainsi plaçons les trois nombres suivants, de telle sorte que les unités du même ordre se correspondent :

$$7,9863$$
$$0,46$$
$$5,008$$
$$\overline{13,4573}$$

En les ajoutant entre elles, on trouve le résultat indiqué ci-dessus.

## Exercices.

Ajouter ensemble les nombres :

7,86432
0,076
0,009
13,7
8,7643

## Soustraction des nombres décimaux.

49. Soit à retrancher 9,4587 de 12,319.
On mettra le nombre le plus faible au-dessous du plus fort, de telle sorte que les unités de même rang se correspondent :

12,319
9,4587
—————
2,8603

On supposera un zéro à la droite du 9 au nombre supérieur, et on opérera comme si c'étaient des nombres entiers en plaçant la virgule là où on la rencontre.

### Exercices.

| | | | |
|---|---|---|---|
| Retrancher | 7,8697 | de | 12,53 ; |
| | 0,047 | de | 6,74 ; |
| | 6,95318 | de | 11,0046. |

## Multiplication des nombres décimaux.

50. On ramène la multiplication des nombres décimaux à celle des nombres entiers.

$$
\begin{array}{r}
\text{Soit} \quad 4{,}083 \\
\text{à multiplier par} \quad 0{,}47 \\
\hline
28\ 581 \\
1\ 63\ 32 \\
\hline
1{,}91\ 901
\end{array}
$$

On fait l'opération comme s'il n'y avait pas de virgules, et on obtient 191 901. En supprimant la virgule du multiplicande, on l'a rendu mille fois plus fort, puisqu'il contient trois décimales : le produit est donc devenu mille fois plus fort. Il faut le rendre mille fois plus faible, et pour cela séparer les trois chiffres 901 par une virgule, c'est-à-dire

autant qu'il y a de décimales dans le multiplicande. En supprimant la virgule du multiplicateur, on l'a rendu cent fois plus fort,
et par suite le produit est devenu cent fois
trop fort; il faut donc le rendre cent fois
plus faible, en séparant deux chiffres de plus
ou autant qu'il y a de décimales au multiplicateur ; de telle sorte que la virgule se place
entre 1 et 9, et que l'on a séparé à la droite
du produit autant de chiffres décimaux qu'il
y en a dans les deux facteurs réunis. Donc,
pour multiplier un nombre décimal par un
autre, il faut opérer sur les nombres comme
s'il n'y avait pas de virgule, et séparer au
produit autant de chiffres décimaux qu'il y
en a dans les deux facteurs ensemble.

Soit encore à multiplier 0,0093 par 7,049 ;
on a :

$$\begin{array}{r} 0,0093 \\ 7,049 \\ \hline 837 \\ 372 \\ 651 \\ \hline 0,0655557 \end{array}$$

Le produit de 93 par 7049 ne donne que

six chiffres, tandis qu'il y a sept chiffres décimaux. Il a fallu mettre un zéro pour com-
pléter ce dernier nombre.

### Exercices.

| Multiplier | 45,8963 | par | 7,034 ; |
|---|---|---|---|
| | 0,078 | par | 9,4673 ; |
| | 0,00023 | par | 0,0004 . |

### Division des nombres décimaux.

51. La division des nombres décimaux
peut se ramener au cas où le dividende et le
diviseur ont le même nombre de décimales,
et par suite à celui des nombres entiers.

Soit 17,983 à diviser par 0,578. Si on
opère la division sans faire attention à la
virgule, on aura 17983 à diviser par 578 et
le quotient sera 31. En négligeant la virgule du dividende, on l'a rendu mille fois
plus fort et le quotient est devenu mille fois
trop fort. En négligeant la virgule du diviseur, on l'a rendu mille fois plus fort et
le quotient est devenu mille fois trop petit.

Donc, le quotient de 17983 par 578 est le même que celui de 17,983 par 0,578.

Donc, quand le dividende et le diviseur auront le même nombre de chiffres décimaux, on supprimera la virgule et on fera la division comme dans les nombres entiers.

Si le dividende et le diviseur n'ont pas le même nombre de chiffres décimaux, on peut toujours les y ramener, et par conséquent la division des nombres décimaux rentrera dans le cas précédent.

Soit à diviser 0,089 par 0,7. L'opération reviendra à diviser 0,089 par 0,700 ou 89 par 700.

Soit encore à diviser 1,47 par 0,0068. L'opération revient à diviser 1,4700 par 0,0068 ou 14700 par 68.

Cependant il est un cas dans lequel on peut simplifier l'opération, c'est celui où le dividende a un plus grand nombre de chiffres décimaux que le diviseur.

Ainsi soit 6,874 à diviser par 0,46. Si on avance la virgule de deux rangs vers la droite au dividende et au diviseur, on aura multiplié l'un et l'autre par 100, et le quotient ne sera pas changé. On peut donc diviser

687,4 par 46, et quand on abaisse le chiffre des dixièmes, on met une virgule au quotient pour exprimer cette espèce d'unités.

$$
\begin{array}{c|c}
6,874 & 0,46 \\
2\ 27 & \overline{14,9} \\
434 & \\
\ \ 20 & \\
\end{array}
$$

### Exercices.

| Diviser | 7,436 | par | 0,029; |
|---|---|---|---|
|  | 8,43 | par | 1,7869; |
|  | 0,769 | par | 2,09. |

Chercher les différents quotients à moins de $\frac{1}{1000}$ près.

### Applications de la division des fractions décimales.

Les fractions décimales servent à trouver le quotient d'une division à une approximation demandée, c'est-à-dire à s'approcher le plus possible du véritable quotient.

Quand on divise 27 par 8, on a pour quotient 3. Mais ce quotient n'est pas exact. Si on prend le nombre entier suivant 4, il sera trop fort. Le quotient est donc compris entre 3 et 4; on l'a donc à moins d'une unité, c'est-à-dire qu'en prenant 3 pour quotient on se trompe de moins d'une unité.

Mais cette approximation est très-insuffisante; il arrive souvent que l'on a besoin d'un résultat plus rapproché du véritable ; c'est ce qu'on peut obtenir facilement avec les fractions décimales.

Soient les deux nombres 27 et 8. On propose d'avoir le quotient de leur division à moins de $\frac{1}{10}$, c'est-à-dire que le quotient que l'on trouvera diffère du véritable de moins de $\frac{1}{10}$ d'unité. A cet effet, on divise d'abord 27 par 8 ; on trouve 3 au quotient et 3 au reste. Ce reste 3 peut être converti en dixièmes, car 3 unités valent $\frac{30}{10}$, et en divisant $\frac{30}{10}$ ou 30 par le diviseur 8, on aura des dixièmes au quotient. Cette opération donne $\frac{3}{10}$. Ainsi le quotient est compris entre 3,3 et 3,4. En prenant 3,3 je me trompe de moins de $\frac{1}{10}$ : j'ai donc le quotient à moins de $\frac{1}{10}$ d'unité. Si on veut l'avoir à une approximation plus grande, on transforme les $\frac{6}{10}$ qui restent en centièmes, ce qui revient à $\frac{60}{100}$, et en divisant 60 par 8, on aura $\frac{7}{100}$ que l'on mettra à la droite de $\frac{3}{10}$. On obtient ainsi le quotient 3,37 à moins de $\frac{1}{100}$. Enfin, si l'on transforme les $\frac{4}{100}$ qui restent en millièmes, on aura à diviser 40 par 8, ce qui donne exactement 5 ; de telle sorte que le quotient exact sera 3,375. Voici la suite des opérations :

$$
\begin{array}{c|l}
27 & 8 \\
\phantom{2}30 & \overline{3,375} \\
\phantom{22}60 & \\
\phantom{222}40 &
\end{array}
$$

Mais il ne faut pas croire que l'opération se fasse toujours exactement.

Ainsi soit 34 à diviser par 13, on a :

$$
\begin{array}{c|l}
34 & 13 \\
\phantom{3}80 & \overline{2,615384} \\
\phantom{33}20 & \\
\phantom{333}70 & \\
\phantom{3333}50 & \\
\phantom{33333}110 & \\
\phantom{333333}60 & \\
\phantom{3333333}8 &
\end{array}
$$

On voit ici qu'après six décimales, on retombe sur le même reste 8 déjà trouvé, et par conséquent les six chiffres du quotient se reproduiront constamment dans le même ordre. Mais on pourra s'arrêter à l'approximation qui sera demandée.

# SYSTÈME MÉTRIQUE

## DES POIDS ET MESURES.

**52.** La plus importante des applications de l'arithmétique est celle qui a pour but de fixer les différentes mesures qui servent aux usages domestiques ; c'est ce que l'on appelle le *système métrique*.

On a vu que pour mesurer une quantité il faut la comparer à une autre quantité de même nature, et le résultat de cette comparaison donne une juste appréciation de cette quantité. Mais il est nécessaire pour cela de se bien fixer sur la quantité qui sert à mesurer ou sur l'unité. Il y aura donc autant d'unités de mesure que de quantités. Les principales quantités dont on a le plus souvent besoin de faire usage sont :

| | |
|---|---|
| La longueur, | La capacité, |
| La surface, | Le poids, |
| Le volume, | La monnaie. |

Pour bien s'entendre, et pour avoir une idée très-nette des différentes valeurs à mesurer, il importait de fixer une unité de mesure pour chacune de ces quantités. Or, non-seulement le génie français a fini par introduire dans les mœurs des unités de mesure à la portée de tous, mais encore il a eu l'heureuse et féconde idée de les faire dériver les unes des autres, comme on va le voir.

**Mesures de longueur ou mesures linéaires.**

53. L'unité principale, celle de laquelle les autres découlent, c'est le *mètre*, destiné à mesurer les longueurs soit en ligne droite, soit en ligne courbe. Ainsi la largeur d'une rue, la longueur d'une chambre, la hauteur et la profondeur d'une maison, l'épaisseur d'un mur, le parcours d'une route, sont autant de quantités qui se mesurent au moyen de l'unité linéaire appelée *mètre*.

Le mètre est une portion du contour de la terre ; ce contour est appelé *méridien ;* après avoir mesuré la longueur du méridien, on en a pris le quart et puis la dix-millionième partie de ce quart, et le résultat de toutes ces opérations a donné une longueur que l'on a appelée *mètre*.

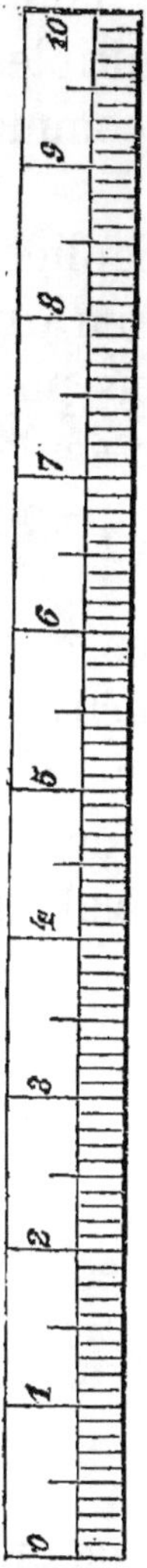

Le mètre se présente à nous sous différentes formes : c'est tantôt une barre de bois rigide (*fig.* 1); tantôt il se ploie en dix ou cinq parties ; tantôt c'est un cordon ou un ruban avec roulette, qui renferme cinq ou dix mètres de longueur; enfin, il est composé de chaînons de fer pour mesurer les longueurs considérables.

La première attention, pour bien comprendre le système des mesures, c'est d'apprécier à vue d'œil la longueur du mètre, de manière à pouvoir même se passer d'une mesure usuelle et de pouvoir la tracer sans hésiter.

Mais comme il y a des longueurs plus considérables que le mètre, et d'autres plus petites, il a été nécessaire de former des *multiples* et des *sous-multiples* ou *subdivisions* du mètre.

Les multiples sont de dix en

Dixième partie du mètre.

Fig. 1.

dix fois plus forts, conformément à notre système de numération, et les sous-multiples sont de dix en dix fois plus petits, comme les fractions décimales.

De plus, on a adopté des mots particuliers pour exprimer les quantités de dix en dix fois plus grandes et de dix en dix fois plus petites, et ces mots sont employés non-seulement pour les unités linéaires, mais encore pour les autres unités.

Les multiples sont exprimés par les mots suivants, que l'on met avant le mot *mètre* :

*Déca*, qui signifie les dizaines ou des valeurs dix fois plus fortes ;

*Hecto*, — les centaines ou des valeurs cent fois plus fortes ;

*Kilo*, — les mille ;

*Myria*, — les dix mille.

De telle sorte que :

| | | |
|---|---|---|
| *Décamètre* | signifie | 10 mètres. |
| *Hectomètre* | — | 100 |
| *Kilomètre* | — | 1000 |
| *Myriamètre* | — | 10000 |

Ainsi, en écrivant 73 849 mètres, on aura en décomposant :

9 mètres ;

4 décamètres ou 40 mètres ;

8 hectomètres ou 800 mètres ;

3 kilomètres ou 3000 mètres ;

7 myriamètres ou 70 000 mètres.

Il faut donc :

10 mètres pour faire un décamètre ;
100 mètres        —        un hectomètre ;
1 000 mètres,        —        un kilomètre ;
10 000 mètres,        —        un myriamètre.

Les sous-multiples sont exprimés par les mots suivants, que l'on met avant le mot *mètre* :

*Déci*,    qui signifie    dixième ;
*Centi*,        —        centième ;
*Milli*,        —        millième.

De telle sorte que :

*Décimètre*    signifie    $10^e$ de mètre ;
*Centimètre*        —        $100^e$ de mètre ;
*Millimètre*        —        $1000^e$ de mètre.

Si on prend $8^m,947$, on aura :

8 mètres ;

9 dixièmes de mètre ou 9 décimètres ;

4 centièmes de mètre ou 4 centimètres ;

7 millièmes de mètre ou 7 millimètres ;

et on prononcera : *huit mètres, neuf cent quarante-sept millimètres.*

Dans les nombres ci-dessus on a pris le mètre comme unité; mais on peut prendre pour unité le décamètre, l'hectomètre, le kilomètre et le myriamètre; ce qui est souvent nécessaire selon les espèces de longueur que l'on doit mesurer.

Soit le nombre 7 849 mètres.

Si on veut prendre le décamètre pour unité, il suffira d'avancer la virgule d'un rang vers la gauche, puisque le décamètre vaut 10 mètres, et on aura : $784^{\text{décam.}},9^{\text{mèt.}}$, $9^{\text{mèt.}}$ indique ici 9 dixièmes de décamètre.

Veut-on prendre l'hectomètre pour unité? il faudra encore avancer la virgule d'un rang vers la gauche : $78^{\text{kil.}},49^{\text{mètr.}}$, et 49 indique 49 centièmes de kilomètre.

En prenant le myriamètre pour unité, $4^{\text{myr.}},0056$ signifiera 4 myriamètres, 56 mètres.

54. Le *myriamètre* et le *kilomètre* sont des unités de mesures linéaires pour les chemins ou pour les routes. On les appelle *mesures itinéraires.*

On place sur les routes, à chaque longueur

de 1000 mètres ou de 1 kilomètre, une borne où l'on inscrit d'un côté la distance de cette borne à l'endroit d'où l'on vient, et de l'autre sa distance de l'endroit où l'on va. Entre les bornes, on en met de plus petites éloignées de celles-ci de 500 mètres.

La chaîne d'arpenteur est une longueur de dix mètres ou d'un décamètre ; c'est la mesure des longueurs agraires.

### Mesures de surface ou de superficie.

55. Une surface est la partie extérieure des corps. Dans toute surface on peut aller de droite à gauche et de haut en bas. C'est ce que l'on appelle les deux dimensions de la surface, la largeur et la hauteur.

Parmi les surfaces, il en est une que l'on appelle *plane*, sur laquelle on peut appliquer dans tous les sens une règle représentant une ligne droite ; c'est le *plan*. Le dessus d'une planche bien rabotée représente un plan ; le dessus d'un mur, d'un plafond sans sinuosité, présente aussi un plan.

Si sur une surface plane on trace des lignes droites, de telle sorte que la deuxième ne penche pas plus d'un côté que de l'autre par rapport à la première, on aura des droites perpendiculaires.

Quand une surface plane est renfermée entre quatre lignes droites d'égale longueur qui sont perpendiculaires l'une à l'autre, on a un carré. Il y a des carrés de toute grandeur; cette grandeur dépend de la longueur de la ligne ou du côté qui forme le carré.

On mesure une surface en la comparant à une autre surface déterminée de forme et d'étendue. On a choisi le carré pour mesurer les surfaces, et on lui donne un mètre de côté; c'est ce que l'on appelle le *mètre carré*.

Le mètre carré sert à mesurer les surfaces de petite dimension, comme l'étendue d'une chambre, d'un mur, d'un tapis.

Le décimètre carré est la première subdivision du mètre carré; c'est un carré qui a un décimètre de côté.

Pour bien se rendre compte de ce que le décimètre carré est au mètre carré, on fait l'opération suivante :

On prend dix carrés qui aient chacun un décimètre de côté, on place les dix carrés les uns à côtés des autres, bout à bout, de manière à former une surface régulière et continue; on aura une bande plus longue que large qui aura la forme ci-dessous (*fig.* 2) :

10 décimètres carrés.

Fig. 2.

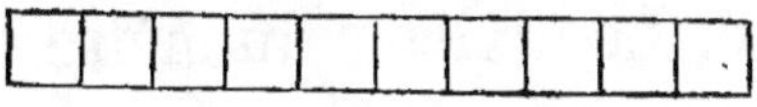

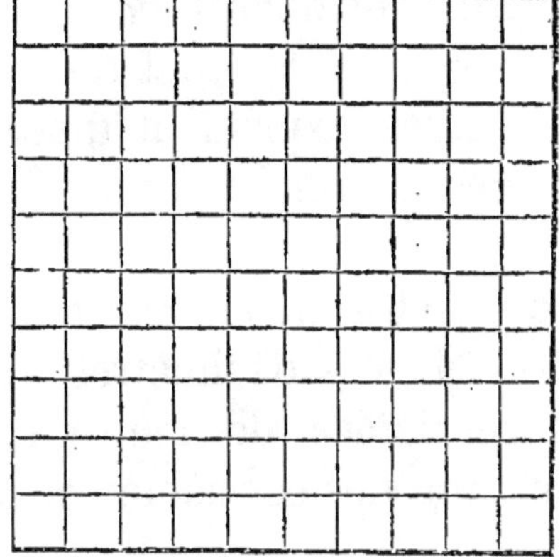

On fait dix bandes pareilles à celle-ci, et on les place les unes au-dessous des autres de manière qu'elles soient contiguës, ainsi qu'il suit (*fig.* 3) :

100 décimètres carrés.

Fig. 3.

On formera un carré qui aura un mètre de côté. Ce sera donc le mètre carré.

Le mètre carré renferme 10 bandes de 10

6.

décimètres carrés chacune et par conséquent 100 décimètres carrés. Le décimètre carré est donc la centième partie du mètre carré.

D'après cela il y a une grande différence entre le dixième du mètre carré et le décimètre carré. Le dixième du mètre carré c'est la première bande formée, et le décimètre carré c'est le petit carré qui a servi à la former.

Si donc on veut écrire des décimètres carrés en décimales en prenant le mètre carré comme unité, il faut les mettre au rang des centièmes.

Soit à écrire *trois mètres quatre-vingt-sept décimètres carrés*. Les quatre‑vingt‑sept décimètres carrés expriment quatre-vingt-sept centièmes de mètre carré ; il faudra mettre : $3^{m.c.}{,}87$.

Soit encore : *huit mètres carrés neuf décimètres carrés*. Les 9 décimètres carrés expriment 9 centièmes de mètre carré ; on mettra 9 au rang des centièmes et on aura : $8^{m.c.}{,}09$.

Puisqu'il faut 100 décimètres carrés pour remplir exactement un mètre carré, il faudra aussi 100 centimètres carrés ou 100 carrés ayant un centimètre de côté pour remplir le décimètre carré. Le centimètre carré est donc la $10000^{me}$ partie du mètre carré, et lorsqu'on voudra exprimer en décimales les centimètres carrés il faudra les mettre au rang des dix-millièmes.

Que l'on ait à écrire *quatre mètres six cent soixante-dix-neuf centimètres carrés*, on aura : $4^{m.c.}$,0679.

Enfin les millimètres carrés occuperont le rang des dix-millionièmes.

Pour énoncer les mètres carrés en nombre décimal, on s'y prend ainsi qu'il suit :

Soit à énoncer $7^{m.c.}$,4678.

On dira qu'il y a 7 mètres carrés et 4678 centimètres carrés ou 7 mètres carrés, 46 décimètres carrés et 78 centimètres carrés.

Soit encore à énoncer $9^{m.c.}$,078.

Il y a ici des millièmes de mètre carré et il paraît n'y avoir pas de dix-millièmes ou des centimètres carrés ; mais on n'altère pas la valeur d'une décimale en écrivant à la suite un ou plusieurs zéros [47] ; on met un zéro afin d'avoir des dix-millièmes ou des centimètres carrés, et on aura le nombre $9^{m.c.}$,0780, qui s'énoncera ainsi : 9 mètres carrés, 7 décimètres carrés, 80 centimètres carrés, ou 9 mètres carrés, 780 centimètres carrés.

56. Le mètre carré a des multiples, dont on se sert pour mesurer les surfaces considérables, comme les champs, une contrée et une portion du globe ou le globe lui-même. On les appelle des *mesures topographiques*.

Les mesures les plus usitées sont :

Le *décamètre carré*, ou le carré de 10 mètres de côté ;

L'*hectomètre carré*, ou le carré de 100 mètres de côté ;

Le *kilomètre carré*, ou le carré de 1000 mètres de côté ;

Le *myriamètre carré*, ou le carré de 10000 mètres de côté.

Le décamètre carré vaut 100 mètres carrés, ou bien le mètre carré est la centième partie du décamètre carré, d'après ce qui a été expliqué plus haut ;

L'hectomètre carré vaut 100 décamètres carrés ou 10 000 mètres carrés.

Le kilomètre carré vaut 100 hectomètres carrés ou 10000 décamètres ou 1 000 000 de mètres carrés.

Il arrive souvent que l'on prend l'un ou l'autre de ces multiples pour unité de mesure, selon l'étendue de la surface. Afin d'écrire rapidement les nombres qui se présentent, il importe de se rappeler qu'il faut toujours deux chiffres pour exprimer chacun de ces multiples, excepté celui de l'ordre le plus élevé qui peut n'en avoir qu'un.

Soit le décamètre carré pour unité de mesure, dans cet exemple : $4^{\text{décam.c.}},786$.

On dira : 4 décamètres carrés, 78 mètres carrés, 60 décimètres carrés.

Soit encore à énoncer $874^{\text{kil.c.}},07694$.

On aura $874^{\text{kil.c.}}$ $7^{\text{hect.c.}}$ $69^{\text{décam.c.}}$ et $40^{\text{m.c.}}$.

Quelquefois on prend une autre unité de surface dans l'opération, et il est nécessaire de transformer le nombre de manière à répondre à la question

Ainsi dans le premier nombre ci-dessous : $4^{\text{décam.c.}},786$, si on veut prendre le mètre carré comme unité de mesure; on n'aura qu'à avancer la virgule de deux rangs vers la droite, puisqu'il faut 100 mètres carrés pour faire un décamètre carré, et on aura $478^{\text{m.c.}},6$.

Si dans ce même nombre on prend l'hectomètre carré comme unité, on reculera la virgule de quatre rangs vers la gauche et on aura : $0^{hect.c.}$,04786.

Dans le nombre $874^{kil.c.}$,07694, en prenant :

Le myriamètre carré comme unité, on a $8^{myr.c.}$,7407694;

Le kilomètre carré comme unité, on a $87407^{kil.c.}$,694;

L'hectomètre carré comme unité, on a $8740769^{hect.c.}$,4;

Le mètre carré comme unité, on a $87407694 0^{m.c.}$.

57. Le *décamètre carré* ou le carré fait sur un décamètre de longueur est employé pour mesurer l'étendue des champs et des terres ; dans ce cas, il prend le nom d'*are*.

La seule subdivision de l'are est le *centiare*, qui n'est autre chose que le mètre carré, puisqu'il faut 100 mètres carrés pour faire un décamètre carré.

Le seul multiple de l'are est l'*hectare* qui vaut 100 ares ou 10 000 mètres carrés. L'hectare n'est autre chose que l'hectomètre carré, ou le carré fait sur un hectomètre de longueur.

Si on prend l'are comme unité de mesure, on écrira ainsi : $7^a.{}_{\prime}43^{cent.}$.

Si on prend l'hectare, on aura : $56^a.{}_{\prime}0769^{cent.}$ ou $56^{hect.}.{}_{\prime}07^a.69^{cent.}$.

### Mesures de volume et de solidité.

58. L'espace occupé par un corps est un *volume*. Le volume peut se considérer de trois manières : de bas en haut, c'est la hauteur ; de droite à gauche, c'est la largeur ; de la partie antérieure à la partie la plus éloignée, c'est la profondeur. Ces trois manières d'envisager l'espace sont les trois dimensions du volume. Il y a des volumes de toutes les formes ; parmi ces formes on considère le *cube*, plus particulièrement employé.

Prenons 6 carrés égaux et enfermons un espace entre ces 6 carrés, de telle sorte qu'ils soient placés deux à deux en face l'un de l'autre et qu'ils soient respectivement perpendiculaires, on aura un cube ; un dé à jouer a cette forme.

La grosseur du cube dépend de l'étendue du carré ; et comme l'étendue du carré dépend de la longueur du côté, la grosseur du cube dépendra du côté du carré, qui est aussi appelé le côté du cube.

Supposons maintenant que nos 6 carrés soient des mètres carrés, et que nous ayons renfermé notre espace entre ces 6 surfaces comme nous l'avons fait, nous aurons le mètre cube ; et il a $1^m$ de hauteur, $1^m$ de largeur et $1^m$ de profondeur.

Le mètre cube sert à mesurer les volumes ; c'est à celui-ci que l'on compare les autres volumes pour en avoir la mesure.

Une chambre peut renfermer 60 mètres cubes d'air ; une charretée de pierre peut avoir 3 mètres cubes de pierre.

Les sous-multiples du mètre cube sont :

Le *décimètre cube*, ou le millième $\left(\frac{1}{1000}\right)$ du mètre cube ;

Le *centimètre cube*, ou le millionième $\left(\frac{1}{1000000}\right)$ du mètre cube ;

Le *millimètre cube*, ou le billionième $\left(\frac{1}{1000000000}\right)$ du mètre cube.

Il n'y a pas de multiples.

Voici comment on se rend compte de ce que chacun de ces sous-multiples est par rapport au mètre cube.

Prenons un cube fait sur un décimètre de longueur ou un décimètre cube, plaçons-en dix à la suite les uns des autres, de telle sorte qu'ils forment une bande régulière et continue, ainsi que ci-dessous (*fig. 4*) :

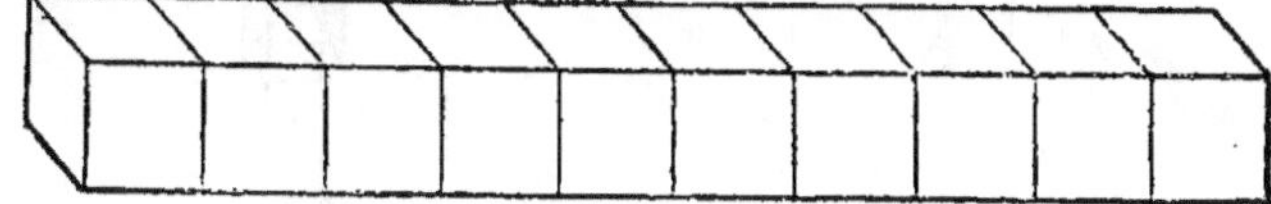

Fig. 4.

La largeur de cette bande aura $1^m$ de longueur, puisque la largeur de chaque bande est de $0^m,1$. Supposons actuellement 10 bandes parallèles à celle-là, apposées les unes à la suite des autres, nous aurons formé un volume ou tranche qui contiendra 100 des petits cubes ou 100 décimètres cubes, et qui aura $1^m$ de largeur, $1^m$ de profondeur et $0^m,1$ de hauteur. Enfin ayons 10 tranches pareilles à celle-là ; superposons-les les unes sur les autres, de telle sorte qu'elles ne se dépassent pas, et nous obtiendrons un nouveau corps ou volume qui renfermera 10 tranches, 100 bandes et 1000 petits cubes ou 1000 décimètres cubes. Ce dernier volume aura donc $1^m$ de largeur, $1^m$ de profondeur et $1^m$ de hauteur; c'est le *mètre cube* (*fig.* 5). On voit donc que le mètre cube contient 1000 décimètres cubes, ou bien que le décimètre cube est la millième partie du mètre cube.

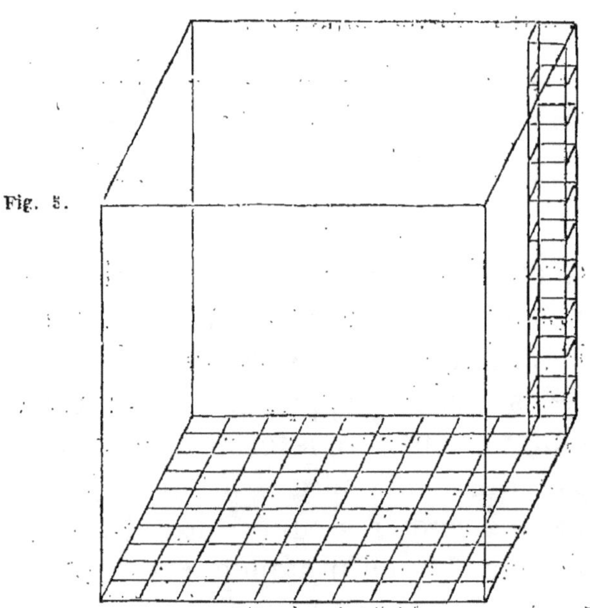

Fig. 5.

Par la même raison, il faut 1000 cubes formés sur un centimètre ou 1000 centimètres cubes pour faire un décimètre cube, et 1 000 000 pour faire un mètre cube, ou le centimètre cube est la millième partie du décimètre cube et la millionième partie du mètre cube, et ainsi de suite.

4.

De là, on conclut que pour écrire ces sortes de quantités, le mètre cube étant l'unité de mesure, il faudra mettre les décimètres cubes au rang des millièmes et les centimètres cubes au rang des millionièmes.

Soit 7 mètres cubes, 34 décimètres cubes, on aura 7$^{m.c.}$,034. Car les 34 décimètres cubes valent 34 millièmes de mètre cube.

Soit encore 8 décimètres cubes et 53 centimètres cubes. On écrira 0$^{m.c.}$,008053.

Soit à lire : 4$^{m.c.}$,09. On dira : 4 mètres cubes, 90 décimètres cubes ou 90 millièmes de mètre cube.

59. Le *mètre cube* employé au mesurage du bois de chauffage et de construction se nomme *stère*.

Le stère (*fig.* 6), se compose d'un support surmonté de deux montants à une distance de 1$^{m.}$ et ayant chacun 1$^{m.}$ de hauteur.

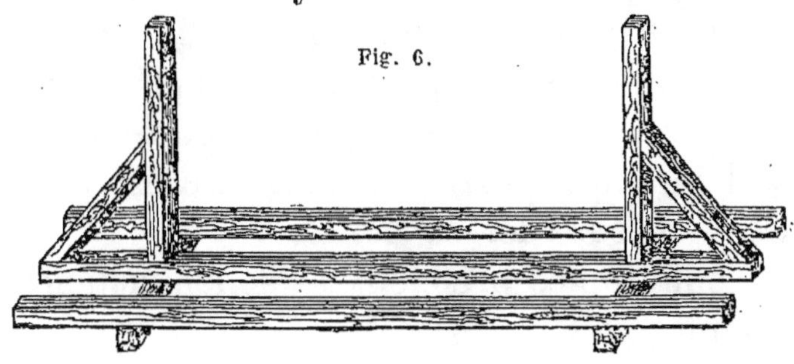

Fig. 6.

Si, avec des bûches de $1^m$· de longueur, on remplit, jusqu'à la hauteur des montants, l'espace qui se trouve entre eux, on aura fait $1^m$· cube ou 1 stère de bois.

Il a pour sous-multiple le *décistère* ou le dixième du stère, et pour multiple le *décastère* qui vaut 10 stères.

En prenant le stère pour unité de mesure, les décistères tiennent la place des dixièmes. Ainsi 5 stères 7 décistères s'écrit : $5^{st}$·7.

Si le décastère est l'unité de mesure il prend la place des dizaines : $56^{st}$·4 contiennent 5 décastères, 6 stères et 4 décistères, que l'on écrira ainsi : $5^{déc}$·64.

### Mesures de capacité ou de contenance.

60. Les corps qui peuvent se transvaser, comme l'eau, le vin et les grains, occupent un espace et forment un volume. Mais dans ce cas on l'appelle *capacité*, et on a pris pour la mesurer la capacité d'un décimètre cube, que l'on appelle *litre*. Ainsi le litre est l'unité de mesure des capacités.

Les multiples prennent les dénominations suivantes :

Le *décalitre*, ou capacité de 10 litres ;
L'*hectolitre*,  —  100 litres ;
Le *kilolitre*,  —  1 000 litres ;
Le *myrialitre*,  —  10 000 litres.

Les sous-multiples sont :

Le *décilitre*, ou capacité d'un dixième $\left(\frac{1}{10}\right)$ de litre ;

Le *centilitre*, ou capacité d'un centième $\left(\frac{1}{100}\right)$ de litre.

Il n'y a aucune difficulté pour écrire et pour énoncer les nombres qui expriment ces quantités.

Les multiples et les sous-multiples ne sont pas les seuls employés. La loi veut que chacune des mesures de capacité ait son double et sa moitié.

Les mesures de capacité qui sont employées pour les liquides sont en métal, en cuivre, en étain ou en ferblanc. Dans l'usage habituel (*fig. 7 et 8*), elles n'ont pas la

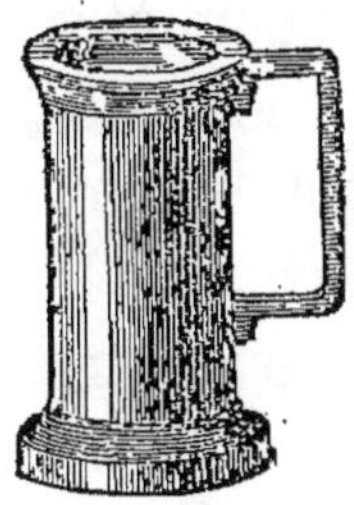

Fig. 7.

Fig. 8.

forme d'un cube, mais celle d'un cylindre dans lequel la profondeur est tantôt égale à la largeur et tantôt double de sa largeur.

On se sert de l'hectolitre, du demi-hectolitre, du décalitre, du double décalitre, du demi-décalitre, du litre, du double litre, du demi-litre, du décilitre, du double décilitre, du demi-décilitre, du centilitre, du double centilitre.

Les mesures de capacité pour les grains sont en bois et de forme cylindrique. Leur profondeur est égale à leur largeur (*fig.* 9).

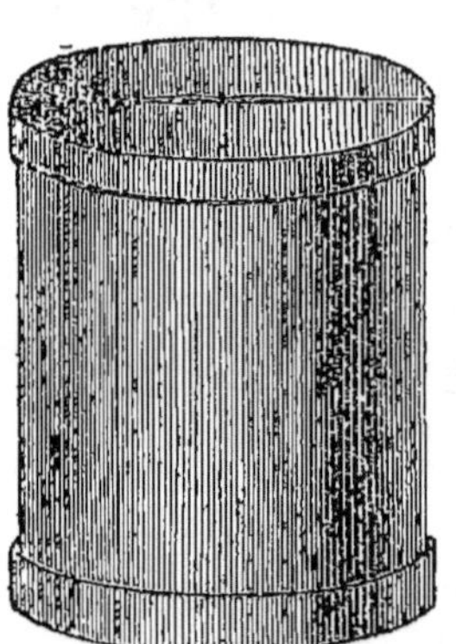
Fig. 9.

Elles ont les multiples et les sous-multiples comme les précédentes.

Puisque le litre est la capacité d'un décimètre cube, et qu'un décimètre cube est la 1 000$^{me}$ partie d'un mètre cube, le litre aussi est la 1 000$^{me}$ partie de la capacité d'un mètre cube. De telle sorte que si on a un mètre cube vide, pour le remplir d'eau exactement il vous faudrait 1 000 litres d'eau, et comme le kilolitre vaut aussi 1 000 litres, on peut dire que le kilolitre vaut aussi en capacité le mètre cube. De même on verra que le millilitre n'est autre chose que le centimètre cube.

Il arrive souvent que l'on prend le mètre cube lui-même comme unité de capacité et il est facile de transformer en litre le nombre ainsi exprimé.

Soit en effet une quantité d'eau de 87$^{m.c.}$,675. Il y aura 87675 litres d'eau. On n'a qu'à multiplier par 1000, puisqu'il faut 1000 litres pour faire un mètre cube.

### Mesures des poids.

61. L'unité de mesure des poids s'appelle *gramme*.

On l'a formé ainsi qu'il suit : comme pour mesurer un poids il faut un poids, on a dû fixer son attention sur un corps facile à peser ; c'est l'eau distillée que l'on a choisie. Il a fallu de plus déterminer la quantité d'eau nécessaire pour remplir un centimètre cube, ou un centimètre cube d'eau. Enfin comme le volume d'eau varie avec la température, on l'a prise à une température convenue qui est 4 degrés centigrades au-dessus de zéro. Ainsi ayons un volume d'eau distillée capable de remplir un centimètre cube, et ayant une température de 4 degrés centigrades au-dessus de zéro. Le poids de cette eau ainsi disposée s'appelle *gramme* (*fig.* 10), et c'est l'unité de mesure pour les poids.

Fig. 10.

Les multiples du gramme suivent les règles déja posées :

Le *décagramme*   vaut   10 grammes ;
L'*hectogramme*   —   100 grammes ;
Le *kilogramme*   —   1000 grammes ;
Le *myriagramme*   —   10000 grammes.

Les sous-multiples sont :

Le *décigramme*, qui est la dixième $\left(\frac{1}{10}\right)$ partie du gramme ;

Le *centigramme*, qui est la centième $\left(\frac{1}{100}\right)$ partie du gramme ;

Le *milligramme*, qui est la millième $\left(\frac{1}{1000}\right)$ partie du gramme, de sorte que les quantités s'écrivent comme les fractions décimales.

On fait pour l'usage du commerce des poids en fonte de fer et d'autres en cuivre.

Les poids en fonte de fer (*fig.* 11 *et* 12) sont de différentes valeurs.

En voici la nomenclature :

| | |
|---|---|
| Le poids de | 50 kilogr. |
| Le myriagramme, | 10 |
| Le double myriagramme, | 20 |
| Le demi-myriagramme, | 5 |
| Le kilogramme, | 1 |
| Le double kilogramme, | 2 |
| Le demi-kilogramme, | 0,5 |
| L'hectogramme, | 0,1 |
| Le double hectogramme, | 0,2 |
| Le demi-hectogramme, | 0,05 |

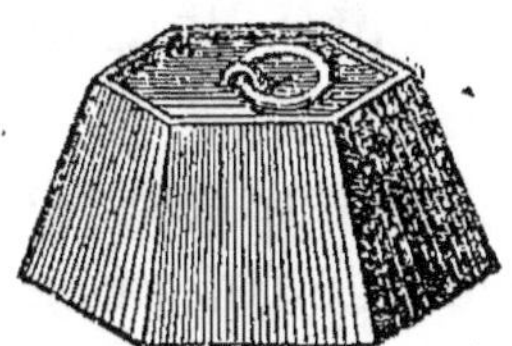

Fig. 11.

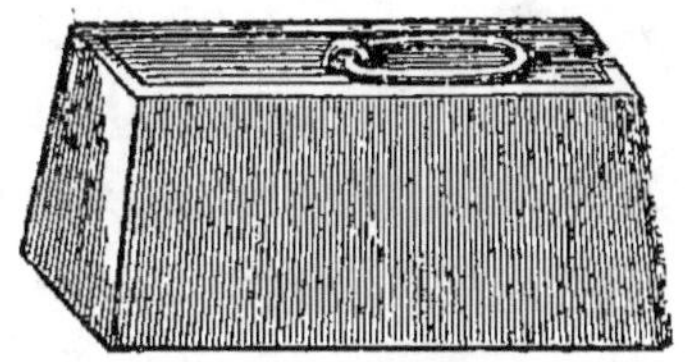

Fig. 12.

Les poids en cuivre ont différentes formes ; les uns sont cylindriques, d'autres sont en lames, et d'autres enfin à godets.

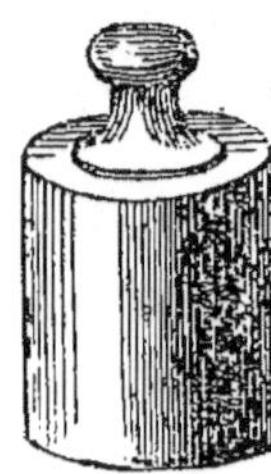

Fig. 13.

Dans les poids cylindriques (*fig.* 13) le plus fort est de 20 kilogrammes, et on a formé des poids qui sont le double et la moitié de chacun des poids primitifs jusqu'au gramme inclusivement.

Les poids à lames minces (*fig.* 14), commencent au décigramme, et on a

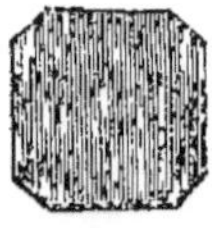

Fig. 14.

formé à partir du décigramme des poids doubles et de moitié des primitifs jusqu'au milligramme inclusivement.

Enfin, les poids à godets (*fig.* 15) sont contenus les uns dans les autres et tous forment 500, 200 ou 100 grammes.

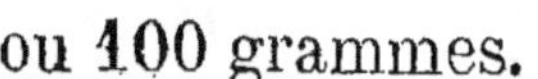

Fig. 15

Puisque le gramme est le poids d'un centimètre cube d'eau pris dans des conditions déterminées, le poids de 10 fois cette quantité d'eau vaudra 10 grammes ou 1 décagramme ; celui de 100 fois cette quantité vaudra 100 grammes ou 1 hectogramme ; celui de 1000 fois cette quantité vaudra 1000 grammes ou 1 kilogramme.

Mais on sait qu'en prenant 1000 fois le centimètre cube d'eau ou forme le décimètre cube ou le litre ; donc le litre d'eau, pris d'après les conditions voulues, pèsera 1 kilogramme, le décilitre pèsera 1 hectogramme, le centilitre 1 décagramme et le millilitre 1 gramme. Si donc on veut avoir le poids et la capacité d'une masse d'eau il sera facile de les trouver.

Soit en effet une masse d'eau de $7^{m.c.}$,4786. La capacité en litres sera $7478^{lit.}$,6, et en kilogrammes $7478^{kil.}$,6$^{hect.}$.

Soit encore $0^{m.c.}$,0078673 d'eau. Le nombre de litres sera de $7^{lit.}$,8673 ; le poids sera $7^{kil.}$,867$^{gr.}$ 3$^{déc.}$, ou 7867$^{gr.}$,3.

## Des monnaies.

62. L'unité monétaire est le *franc* (*fig.* 16).

Fig. 16.

Il a été formé ainsi qu'il suit : Que l'on ait un mélange d'argent et de cuivre de telle sorte qu'il y ait 9 parties d'argent et 1 de cuivre, et que le mélange pèse 5 grammes, on aura le franc.

Il existe des monnaies d'argent, d'or et de cuivre.

Les subdivisions du franc sont :

Le *décime* ou le dixième du franc ;
Le *centime* ou le centième du franc.
La même proportion a lieu dans la composition des monnaies en or.

Les pièces de monnaie qui ont cours sont :

La pièce de 1 franc en argent qui pèse 5 grammes.
La pièce de 2 francs en argent, qui pèse 10 grammes.

La pièce de 5 francs en argent, qui pèse 25 grammes.

La pièce de 50 centimes en argent, qui pèse 2$^{gr}$,5.

La pièce de 20 centimes en argent, qui pèse 1 gramme.

La pièce de 20 francs en or, qui pèse 6$^{gr}$,431.

La pièce de 10 francs en or, qui pèse 3$^{gr}$,215.

La pièce de 5 francs en or, qui pèse 1$^{gr}$,607.

La pièce de 10 centimes ou 1 décime, en cuivre, qui pèse 20 grammes.

La pièce de 5 centimes, en cuivre, qui pèse 10 grammes.

La pièce de 1 centime, en cuivre, qui pèse 2 grammes.

On peut se servir des monnaies pour mesurer un poids. Ainsi 10 pièces de 5 fr. en argent pèsent 250 grammes.

## Tableau résumé des poids et mesures.

63. Si maintenant on jette un coup d'œil sur l'ensemble de toutes ces mesures, il est facile de reconnaître que toutes ont pour origine le mètre.

L'unité de mesure de longueur est le *mètre*.

L'unité de mesure de superficie est le *mètre carré*.

L'unité de mesure des volumes est le *mètre cube*.

L'unité de mesure des capacités est le *litre* ou un décimètre cube.

L'unité de mesure des poids est le *gramme* ou le poids d'un centimètre cube d'eau.

L'unité des monnaies est le *franc*, pesant cinq grammes.

# APPLICATIONS

## DE L'ARITHMÉTIQUE.

### RÈGLE DE TROIS.

64. Presque toutes les questions sous forme de problème reviennent à une règle que l'on appelle *règle de trois*. Cette règle se compose d'un événement complet composé de deux circonstances dans les cas les plus simples, et d'un second événement incomplet ne comprenant qu'une circonstance analogue à l'une de celles du premier événement. Il s'agit de découvrir la deuxième circonstance qui manque ; et, comme c'est au moyen de trois circonstances que l'on découvre la quatrième, on appelle cette question *règle de trois*.

Soit cet événement complet : 8 hommes ont fait 56 mètres d'un travail ; on demande combien de mètres en font 15 hommes dans les mêmes conditions.

Ce second événement est incomplet, il ne contient qu'une circonstance, 15 ouvriers analogue à 8 ouvriers, et il lui manque la circonstance analogue à 56 mètres : c'est celle-là qu'il faut découvrir.

Pour résoudre cette question on remarquera que si on connaissait l'ouvrage fait par un seul homme, il serait facile de savoir l'ouvrage fait par 15 hommes.

Mais puisque 8 hommes font $56^m$, 1 seul homme en fera 8 fois moins ou le $\frac{1}{8}$ de 56 ou $\frac{56}{8} = 7$. Si un homme fait 7 mètres d'ouvrage, les 15 ouvriers feront 15 fois plus ou $7^m \times 15 = 105$.

Cette méthode est appelée la *réduction à l'unité* ; mais au lieu d'effectuer les opérations au fur et à mesure qu'elles se rencontrent on ne fait que les indiquer. On laisse donc $\frac{56}{7}$ sous forme de fraction pour indiquer l'ouvrage fait par un homme ; pour l'ouvrage fait par 15 hommes, $\frac{56 \times 15}{7} = 56^m \times \frac{15}{7}$.

Remarquons, dès l'abord, que la circonstance qui n'a pas de correspondante est mise en avant, et multipliée par une fraction ayant pour numérateur l'autre circonstance et pour dénominateur son analogue dans l'autre événement. On est bien sûr ainsi d'obtenir un nombre de mètres comme on le demande.

Soit encore cette autre question : 15 ouvriers travaillant pendant 8 jours ont fait un ouvrage ; combien faudra-t-il de jours à 10 de ces ouvriers pour faire le même ouvrage.

L'événement complet est : 15 ouvriers ont travaillé pendant 8 jours ; l'événement incomplet : combien faut-il de jours à 10 ouvriers. La circonstance seule de son espèce est 8 jours.

Il faut chercher sa correspondante dans le premier événement. Pour cela on réduit à l'unité la circonstance du premier événement qui a sa correspondante dans le précédent. On dit : si, au lieu de 15 ouvriers, il n'y avait eu qu'un ouvrier à travailler, il aurait fallu 15 fois plus de jours pour faire le même ouvrage ou $8^{\text{j.}} \times 15$. Mais 10 ouvriers au lieu d'un seul doivent travailler, il leur faudra 10 fois moins de temps ou

$$\frac{8 \times 15}{10} = 8^{\text{j.}} \times \frac{15}{10} = 12 \text{ jours.}$$

Remarquons que la circonstance 8, seule de son espèce, a pu être mise en avant, et les deux autres circonstances occupent l'une le numérateur, l'autre le dénominateur de la fraction. Il en doit toujours être ainsi. Car, si l'une réduite à l'unité doit faire augmenter le résultat ou être mise au numérateur, l'autre n'étant pas réduite à l'unité doit le faire diminuer, et par suite être mise au dénominateur.

Si donc, on connaissait à quel terme doit être une circonstance, on saurait que la circonstance correspondante doit être mise à l'autre terme. Pour le découvrir, il n'y aura qu'à examiner si en diminuant une circonstance de l'événement complet le résultat augmente. Dans ce cas, cette circonstance doit être mise au numérateur, et la circonstance correspondante au dénominateur. Si, au contraire, en diminuant cette circonstance le résultat doit diminuer, elle sera mise au dénominateur, et sa correspondante au numérateur.

Prenons l'exemple précédent et faisons cette question. Si au lieu de 15 ouvriers il y en avait un moins grand nombre, faudrait-il plus ou moins de jours ? La réponse est qu'il faudrait plus de jours. Vous mettrez donc 15 jours au numérateur, et sa correspondante au dénominateur, et plaçant 8, circonstance seule, vous avez $8 \times \frac{15}{10}$.

Soit encore cet exemple : Une fontaine met 8 jours à remplir un bassin en coulant $6^h.\ 5^m.$ par jour ; voilà l'événement complet. Combien mettra-t-elle de jours à le remplir en coulant $9^h.\ 44^m.$ par jour ; c'est l'événement incomplet.

On dispose ainsi les nombres :

$$8^j.\quad 6^h.\quad 5'.$$
$$9^h.\quad 44'.$$

Si au lieu de $6^h.\ 5'$ on avait un moins grand nombre d'heures, il faudrait plus de jours pour remplir le bassin : donc $6^h.\ 5^m.$ doit être mis au numérateur, et $9^h.\ 44^m.$, sa correspondante, au dénominateur : on a donc $8^j. \times \frac{6^h.\ 5}{9^h.\ 44.}$ En réduisant les heures en minutes, sachant que $1^h.$ vaut $60^m.$, on obtient $8^j. \times \frac{365}{584} = 5$ jours.

En faisant le raisonnement comme plus

haut, on dira : si au lieu de couler pendant 6$^h$· 5$^m$· ou 365$^m$·, elle ne coulait que pendant une heure, il faudrait 365$^m$· fois plus de temps ou 1 $\times$ 365. Mais si, au lieu de couler pendant une heure, elle coule pendant 584$^m$·, il faudra donc 584 fois moins de temps ou

$$\frac{8 \times 365}{584}.$$

Tant qu'il n'y a que trois circonstances, la règle est *simple*. Si elle en renferme un plus grand nombre, elle est *composée*.

Lorsqu'on a bien saisi la marche à suivre sur les premières questions, il n'y a aucune difficulté pour les autres, quelque compliquées qu'elles soient.

Soit la question suivante : 3 ouvriers travaillant 4 heures par jour ont creusé en 5 jours un fossé de 20 mètres cubes. Pendant combien d'heures par jour doivent travailler 4 ouvriers pour creuser en 6 jours un autre fossé qui a 30 mètres cubes.

On dispose les nombres ainsi :

| | | | |
|---|---|---|---|
| 3$^o$· | 4$^h$· | 5$^j$· | 20$^m$· |
| 4 | » | 6 | 30 |

La méthode pratique donnera sur-le-champ :

$$4^{h.} \times \frac{3 \times 5 \times 30}{4 \times 6 \times 20}.$$

Car on dira : Si au lieu de 3 ouvriers on en avait moins, il faudrait travailler pendant un plus grand nombre d'heures; donc 3 au numérateur et 4 au dénominateur. Si on avait moins de 5 ouvriers, il faudrait travailler pendant plus d'heures par jour; donc 5 au numérateur et 6 au dénominateur. Si on avait moins de 20 mètres cubes, il faudrait moins d'heures par jour; donc 20 au dénominateur et 30 au numérateur.

Voici le raisonnement : Si au lieu de 3 ouvriers on n'employait qu'un ouvrier travaillant 5 jours pour faire 20 mètres cubes, il faudrait le faire travailler pendant 3 fois plus d'heures par jour ou $4^{h.} \times 3$.

$4^{h.} \times 3$ exprime le nombre d'heures pendant lesquels un ouvrier doit travailler par jour pendant 5 jours pour faire 20 mètres cubes.

Si cet ouvrier ne travaillait que pendant un jour il faudrait 5 heures de plus par jour.

c'est-à-dire $4 \times 3 \times 5$, qui exprime le nombre d'heures pendant lesquelles un ouvrier doit travailler en un jour pour faire 20 mètres cubes.

Si cet ouvrier ne devait faire que 1 mètre cube, il travaillerait 20 heures de moins ou $\frac{4 \times 3 \times 5}{20}$. Ce nombre exprime le nombre d'heures que devra travailler un ouvrier pendant un jour pour faire un mètre cube.

On voit que les circonstances de l'événement qui ont leurs correspondantes sont réduites à l'unité.

Passant au deuxième événement, on remarquera qu'au lieu d'un seul ouvrier on en aura $4$ : il leur faudra $4$ heures de moins qu'à un seul ouvrier, et on obtient $\frac{4 \times 3 \times 5}{20 \times 4}$. Ce nombre exprime le nombre d'heures que doivent travailler $4$ ouvriers pendant un jour pour faire 1 mètre cube.

Mais les $4$ ouvriers doivent travailler pendant 6 jours, il leur faudra donc 6 fois moins d'heures ou $\frac{4 \times 3 \times 5}{20 \times 4 \times 6}$. Ce nombre exprime le nombre d'heures qu'il faudra à $4$ ouvriers travaillant pendant 5 jours pour faire un mètre cube.

Comme ils doivent faire 30 mètres cubes, il leur faudra 30 fois plus d'heures ou $\frac{4 \times 3 \times 5 \times 30}{20 \times 4 \times 6}$. Ce dernier nombre exprime enfin le nombre d'heures qu'il faut à 4 ouvriers travaillant pendant 5 jours pour faire 30 mètres cubes, et c'est ce que l'on demandait.

Il reste maintenant à effectuer les calculs; pour cela, on pourrait faire le produit indiqué au numérateur, et le produit du numérateur et le quotient de la division donneraient le résultat demandé; mais pour arriver plus promptement au résultat, on remarquera que le numérateur et le dénominateur renferment des divisions communes ou des facteurs par lesquels on peut diviser les deux termes.

Ainsi 4 est facteur aux deux termes, on peut le supprimer; 30 et 6 sont divisibles par 6, vous les remplacerez par 5 et 1; 5 et 20 sont divisibles par 5, vous les remplacerez par 1 et par 4. Après les suppressions vous obtenez :

$$\frac{3 \times 5}{4} = \frac{15}{4} = 3^{h.} + \frac{3}{4} \text{ d'heure.}$$

## RÈGLE D'INTÉRÊT.

**65.** On nomme *intérêt* ce que rapporte une somme appelée *capital*, placée pendant un certain temps.

Le taux est l'intérêt de 100 fr. placés pendant un an.

Ainsi on doit considérer dans une question d'intérêt : le capital, le temps, le taux d'intérêt et l'intérêt. Toutes peuvent être ramenées à des règles de trois.

Soit donc à chercher l'intérêt de 8560 à cinq pour cent (5 0/0) au bout de 6 ans. On peut poser ainsi la question :

100 francs rapportent 5 francs en 1 an. Combien en rapporteront 8560 en 6 ans.

En appliquant les règles indiquées ci-dessus, on trouve pour l'intérêt :

$$5 \times \frac{8560 \times 6}{100 \times 1} = 2568.$$

On peut avoir à déterminer l'un des quatre nombres, le capital, l'intérêt, le taux, le temps. Il peut donc se présenter quatre questions différentes.

Soit à chercher le capital à placer pour avoir 2568 francs d'intérêt au bout de 6 ans.

On placera ainsi la question :

100 francs rapportent en un an 5 francs; quel sera le capital de 2568 en 6 ans.

On aura $100 \times \dfrac{2568 \times 1}{5 \times 6} = 8560$ francs.

Soit encore à chercher le temps pendant lequel il faudra placer 8560 francs à 5 0/0. On pose ainsi la question :

100 francs rapportent 5 francs en un an ; en combien de temps 8560 rapporteront 2568 francs.

On aura $1 \times \dfrac{100 \times 2568}{8560 \times 5} = 6$ ans.

Enfin soit à chercher le taux auquel il faut placer 8560 francs pendant 6 ans pour avoir 2568 francs d'intérêt.

On pose la question ainsi qu'il suit :

| 8560$^{fr.}$ | 2568$^{fr.}$ | 6$^{ans}$ |
|---|---|---|
| 100$^{fr.}$ | » | 1$^{an}$ |

On aura : $2568 \times \dfrac{100 \times 1}{8560 \times 6} = 5$.

## RÈGLE DE SOCIÉTÉ.

66. La *règle de société* a pour but de partager une somme ou un nombre conformément à des conditions déterminées.

Trois personnes se sont associées : la première a avancé 600 fr., la seconde 1500 fr., et la troisième 3500 fr. A la dissolution de la société le gain total a été de 1400 francs ; on demande ce que chacune doit toucher pour le gain, eu égard à la somme qu'elle a avancée.

Si on savait le gain de 1 franc dans la société, on connaîtrait le gain de chacun des associés en multipliant par 600, par 1500 et par 3500. Or ce qui a produit le gain total 1400, c'est la somme des trois mises ou 5600, et si 5600 ont produit 1400 fr., 1 fr. aura produit $\frac{1400}{5600}$, c'est le gain de 1 fr. Alors en multipliant successivement par 600, par 1500, par 3500, on a

$$\frac{1400}{5600} \times 600 = 150, \text{gain du premier associé};$$

$$\frac{1400}{5600} \times 1500 = 375 \qquad \text{second associé};$$

$$\frac{1400}{5600} \times 3500 = \underline{875} \qquad \text{troisième associé.}$$

$$1400$$

La somme des trois gains doit produire le gain total, si l'opération est bien faite; c'est ce qui a lieu ici.

Soit cet autre exemple :

Trois associés ont mis :

Le premier,     800 fr.  pendant 3 mois ;
Le second,     1200                6 mois :
Le troisième, 1500                2 mois.

Le bénéfice est de 25 200 francs. Quelle sera la part de chacun?

On ramène celle-ci à la précédente en ramenant à l'unité de temps. 800 fr. placés pendant 3 mois reviennent à 3 fois 800 fr. placés pendant un mois, ou 2400 : 1200 fr. placés pendant 6 mois reviennent à 6 fois 1200 fr. placés pendant 1 mois. Enfin 1500 fr. placés pendant 2 mois reviennent à 2 fois

1500 fr. placés pendant un mois, ou à 3000 fr. Les trois associés sont donc censés avoir placés 2400, 7200, 3000 pendant le même temps. C'est une question analogue à la précédente à résoudre.

En ajoutant les 3 mises on a 12 600 francs qui ont produit 25 200 fr.; 1 fr. aura donc produit $\frac{25200}{12600}$, et les trois mises donneront pour leur gain :

$$\frac{25200}{12600} \times 2400 = 4800$$

$$\frac{25200}{12600} \times 7200 = 14400$$

$$\frac{25200}{12600} \times 3000 = \underline{6000}$$

$$25200$$

Les autres problèmes d'arithmétique se rattachent à ces trois sortes de questions que nous venons d'exposer.

FIN.

## On trouve à la même librairie :

ABÉCÉDAIRE INSTRUCTIF ET INTÉRESSANT, orné de gravures propres à captiver l'attention des enfants, par un ami de l'enfance ; cinquième édition ; in-18.

CAHIERS MANUSCRITS, Recueil de toutes sortes d'écritures lithographiées pour exercer à la lecture des écritures difficiles, etc., par M. L. *Fremont*, ancien chef d'institution à Paris ; huitième édition ; in-18.

FABLIER DES ENFANTS, Choix de fables de La Fontaine, Florian, Lamotte, Aubert, Le Bailly, etc., avec notes explicatives, par un ami de l'enfance ; sixième édition ; in-18.

LEÇONS CHOISIES DE LECTURE, à l'usage des écoles primaires, par M. A. *Mazure*, ancien inspecteur de l'Université ; sixième édition, ouvrage autorisé pour les écoles publiques ; in-18.

LEÇONS INSTRUCTIVES ET MORALES SUR L'INDUSTRIE, à l'usage des écoles primaires, par M. A. *Mazure*, ancien inspecteur d'académie ; in-18.

MAGASIN LITTÉRAIRE DES ENFANTS, Choix de fables, contes, paraboles, etc., en prose, extraits de Fénelon, Berquin, Perrault, Bonaventure, Saint-Lambert, Kératry, etc., avec des notes, par un ami de l'enfance ; in-18.

PETITE MORALE EN ACTION, Choix d'anecdotes morales, traits de dévouement et de patriotisme, etc., à l'usage des écoles primaires, par M. L. *Fremont*, ancien instituteur ; cinquième édition, ouvrage autorisé pour les écoles publiques ; in-18.

PREMIÈRES CONNAISSANCES SUR DIVERS CHOSES, à l'usage des enfants, par M. *Adrien de Melcy*, ancien professeur ; deuxième édition ; in-18.

PRINCIPES DE CIVILITÉ, à l'usage des enfants, par M. *Adrien de Melcy*, ancien professeur ; in-18.